"十三五"江苏省重点学科建设专项经费资助（20160838）

国际法庭科学和调查系列

火 灾 调 查

[美]尼亚姆·尼卡·戴德　主编

张绍雨　译

中国人民公安大学出版社

·北 京·

著作权合同登记号　图字：01-2020-1983

图书在版编目（CIP）数据

火灾调查 / （美）尼亚姆·尼卡·戴德主编；张绍雨译. -- 北京：中国人民公安大学出版社，2023.1　书名原文：Fire Investigation　国际法庭科学和调查系列

ISBN 978-7-5653-3869-4

Ⅰ.①火… Ⅱ.①尼… ②张… Ⅲ.①火灾 – 调查 Ⅳ.①TU998.12

中国版本图书馆CIP数据核字（2020）第042689号

Fire Investigation / by NIAMH·NIC·DAÉID / ISBN: 0-415-24891-4

Copyright© 2004 by CRC Press.

火灾调查

[美]尼亚姆·尼卡·戴德 主编

张绍雨　译

出版发行：中国人民公安大学出版社

地　　址：北京市西城区木樨地南里甲1号

邮政编码：100038

发　行：新华书店

印　刷：天津盛辉印刷有限公司

版　次：2023年1月第1版

印　次：2023年1月第1次

印　张：9.625

开　本：880毫米×1230毫米　1/32

字　数：232千字

书　号：ISBN 978-7-5653-3869-4

定　价：80.00元

网　址：www.cppsup.com.cn　www.porclub.com.cn

电子邮箱：zbs@cppsup.com.cn　zbs@cppsu.edu.cn

营销中心电话：010-83903254

读者服务部电话（门市）：010-83903257

警官读者俱乐部电话（网购、邮购）：010-83903253

公安业务分社电话：010-83906110

撰稿人

尼亚姆·尼卡·戴德博士 英国苏格兰格拉斯哥皇家学院斯特拉思克莱德大学法庭科学部

卡罗琳·马奎尔博士 英国爱尔兰米斯马克·戴德及合伙人咨询科学家公司

雷塔·纽曼 美国佛罗里达州拉戈奈拉斯县法庭实验室

马丁·席普 英国沃特福德 FRS 建筑研究设计院

埃里克·施陶费尔 美国佐治亚州萨旺尼法庭服务部 MME 实验室

约翰·D.特威贝尔博士 英国剑桥英格兰理工大学法庭科学与化学系

前　言

　　像本书这样把各种材料汇编到一起所需要的时间总是被低估，本书所花费的时间也超过了预期。尽管所有编者都很忙，但他们都信守承诺保证了质量。

　　我希望本书能够成为对火灾现场勘查人员和提取与分析火灾现场残留物的实验室科学家有价值的资料，并且成为想从事该领域研究人员内容丰富的参考书。本书前面几章介绍了火灾现象相关的基本概念，详细介绍了火灾调查，特别是全面介绍了那些非可燃液体引起的火灾的现场重建和计算机模拟。最后几章介绍了现场采集的残留物的实验室检验和样品中可能存在的基体产物的解释。

　　我要感谢所有编者的努力和耐心，同时还请他们包涵本书编写过程中我的唠叨和拙见。他们最终会理解他们的努力是值得的。

　　最后，我想将本书献给迪尔米德·马克·戴德，他在本书出版前不幸离世。

尼亚姆·尼卡·戴德于格拉斯哥

目　录

1 火灾和火灾调查绪论

尼亚姆·尼卡·戴德

引言

火灾调查包括两个方面：一是火灾现场勘查，以确定火灾原因、来源和发展或扩散速度；二是怀疑为纵火时，对从火灾现场采集的样品进行实验室分析。虽然这两个方面有联系，但它们是通过具有不同背景和经历的人员进行的。

现场调查
为了成功地进行火灾现场调查，调查人员应了解下列内容：

- 火灾现场和犯罪现场的基本做法。
- 起火和维持燃烧的必要条件。
- 火灾动力学、影响火势发展和蔓延的因素。
- 不同类型燃料的包装、自燃温度、在火中的表现、释放热量的水平。
- 燃烧、烟雾的类型及其内容。
- 采样步骤、包装等。

只有具备牢固的火灾现场调查知识和其他条件，侦查人员才能正确和有效地进行现场勘查。

实验室分析
实验室分析需要具备相关技能、了解科学仪器、正确处理犯罪现场物证的实验室经验，主要是具备可燃液体材料的性质、热裂解、燃烧产物及其实验室分析结果的解释能力。

本章综述燃烧现象、密闭空间中火灾的发展、火势从一个空间向另一个空间的蔓延速度。另外，读者可以参考《柯克火灾调查》（*Kirk's Fire Investigation*）[1] 以及《火灾动力学导论》（*An Introduction to Fire Dynamics*）[2] 等教材，以便更详细地了解相关内容。

火灾类型

由专业火灾现场调查人员，如消防人员、警察、现场勘查人员、法庭科学家或者私人火灾调查人员，来确定火灾类型。在英国一些地区，人为因素引起的火灾或纵火约占火灾总数的 50%~60%，每年直接经济损失达十亿英镑 [3]。过去 10 年，英国的纵火案增长超过了 40%，汽车纵火案上升了 2 倍。而 2002 年，英国（仅指英格兰和威尔士）纵火案平均破案率只有 8% [4]。纵火动机多而复杂，其中包括：

- 掩盖其他犯罪行为（盗窃、谋杀）；
- 经济目的（保险）；
- 民事骚乱（青少年障碍、故意破坏）；
- 恶意目的（对特定种族、信仰和社会集团的怨恨和报复）；
- 已知纵火犯系列犯罪的一部分；
- 具有城市骚乱、种族或信仰仇恨、政治目的的恐怖行动。

不是所有的火灾都是人为造成的，许多火灾是由不同事故引起的，如故意焚烧材料、不经意丢弃吸烟材料、不小心使用蜡烛、电器损坏等。第 2 章和第 3 章将讨论这些原因。

火灾调查人员

由于火灾现场的性质不同，相关部门都可能参与火灾调查，包括消防队、消防调查部门、警察及相关人员（法庭科学家、犯罪现场官员等）、保险人和损失评估人、独立火灾调查人员、与公共福利和安全相关的地方政府代表。现场的各种人员都想实施调查和撰写报告。最近，英国纵火范围研究院（Arson Scoping Study）[6]建议上述提到的机构努力合作，以减少火灾事故。

火和燃烧

火，是指物质氧化后以光和热的形式释放能量的放热化学反应。发生燃烧的必要条件包括燃料、氧气（空气）和热量。大多数情况下还需要为点火提供足够的能量，以克服能量壁垒进而引燃燃料。

燃料、氧气、热量和足够的点火能量构成了火灾四边形（见图 1.1）。一旦发生火灾，燃料、氧气、热量可单独构成三角形，缺少三个条件中的任何一个，火就会熄灭。

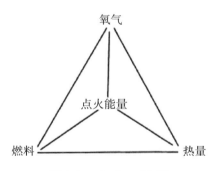

图 1.1　火灾四边形

燃烧是涉及燃料的一系列放热氧化反应。大多数燃料含有氢和碳，燃烧的主要产物为水和二氧化碳，还包括一氧化碳、硫和氮的氧化物以及其他化合物等。这些化合物的存在，是产生烟雾的原因。

燃料类型

大多数火灾中存在可燃固体、液体和气体燃料，涉及的范围很广，从气态烃到化学成分复杂的天然、合成或半合成的固体。这些燃料在合适的条件下和氧发生燃烧反应，释放出热量，产生燃烧产物。火焰本身是气相、固体和液体的有焰燃烧，需要经过分解和蒸发，生成气体。液体的燃烧比较直接，即在表面沸腾。除了升华，固体必定经过热裂解（pyrolysis）过程产生足够低分子量的挥发性成分，才能进入气相。要实现这一过程，需要很高的能量，因此固体表面燃烧需要的温度通常很高。

材料的相关性质

燃烧（爆炸）极限或范围

可燃气体或蒸气与空气的混合物只有在特定的燃料—空气浓度范围内才会燃烧，超出这个范围，燃料—空气混合物是点不着的。如果燃料—空气混合物被限制在一定的系统内，混合物必须通过爆炸才能点燃，此时爆炸极限和燃烧极限是相同的。在开放系统中，其他因素（如周围介质温度）会影响燃烧极限。表 1.1 展示了一些常见气体和液体的燃烧（爆炸）极限。

表 1.1　常见气体和液体的燃烧（爆炸）极限 [2]

物质	空气中体积（FL%）下限	空气中体积（FL%）上限
氢气	4.0	75
甲醇	16.7	36
丙酮	2.6	13
一氧化碳	12.5	74.0
乙醚	1.9	36
油漆稀释剂	0~0.8	0~6.0
煤油	0.7	5.0
汽油（辛烷值 100）	1.4	7.6

蒸气密度[2]

蒸气密度可以用来预测释放到空气中蒸气的多少。蒸气密度，是指蒸气对空气的相对密度，由蒸气和空气分子量（大约为29）相除得到。蒸气密度大于1的气体比空气重，在空气中趋于下沉，直到碰到障碍物后在该水平位置扩散。蒸气密度小于1的气体则与上述情况相反，在空气中趋于上升，在天花板处扩散。由于扩散，该气体和空气会相互混合，混合的程度取决于该气体和空气密度（密度 =1）的差异。差异越大，扩散或混合的程度越差。

随着时间的推移，在一定的空间内将被动地形成或大或小的气体蒸气密度，如果蒸气密度较高，气体将会流向建筑物的楼梯井或地下室。还应该注意的是，混合物中最轻（最容易挥发）组分的蒸气密度和扩散速度决定蒸气的扩散速度和可燃性，而不是全部液体的性质。

闪点

液体燃料产生可燃蒸气的最低温度叫作闪点（flash point）。闪点燃料的蒸气压等于燃烧下限温度下的压力。闪点有密闭容器测量值（closed cup）和开口容器测量值（open cup）之分（见表 1.2）。

表 1.2　一些常见液体的闪点和着火点[1, 2]

燃料	开口容器测量值(℃)	密闭容器测量值(℃)	着火点（℃）
丙酮	−20	——	——
正－癸烷	46	52	61.5
甲醇	11	11	13.5
p－二甲苯	27	31	44
石油醚	−18	——	——
煤油	38	——	——
柴油	52	——	——
汽油（辛烷值100）	−36	——	——
汽油（低辛烷值）	−43	——	——

着火点或燃点

着火点或燃点，是指液体燃料产生足够的可燃蒸气时，引入火源即可燃烧的最低温度。着火点或燃点通常比闪点高几度。

起火、自燃温度（AIT）

燃料自动着火，无须另外火源点燃的温度叫作自燃温度。所有起火（很少有例外）都是由于某处温度高，而且该处燃料—空气混合物比例在燃烧范围内。这个地方可能很小，而且温度达到或超过了起火温度。在很小的地方达到高温并不难（如划火柴或产生火花），同时起火温度是起火的重要因素，因此只要热能能够从此处传到燃料起火处就能产生火（见表1.3）。

表 1.3　一些常见燃料的 AIT 值 [1,2]

燃料	温度（℃）
丙酮	465
乙醇	363
甲醇	385
石油醚	288
煤油	210
汽油（辛烷值100）	456
汽油（低辛烷值）	280
亚麻籽油（煮过）	206
聚乙烯	488
聚苯乙烯	573
PVC	507
聚氨酯	456~579
软木	320~350
硬木	313~393

热惯量

热惯量（thermal inertia）是材料引燃时，暴露于热源表面时温度上升的容易程度。能量从材料的加热处传到没有加热处的速度，取决于材料的温差和热导率（thermal conductivity）、密度、热容量（heat capacity）或比热（specific heat）等物理性质。这三个性质决定了材料的热惯量。热惯量（WJ/m^4K^2）表示为：

热惯量 $=k\rho c$

这里，k 为热导率（$W/m \cdot K$），ρ 为密度（kg/m^3），c 为热容量（$J/kg \cdot K$）。

在火灾中，热惯量保持不变，这是因为当达到稳定的温度、密度时，热容量的影响就和热导关系不大了。热惯量的作用在闪火后显著显现，对热流作用下表面温度上升的速度有显著影响。热惯量越低，表面温度上升越快（见表 1.4）。

表 1.4　常见材料的热惯量值[1,5]

材料	热导率（$W/m \cdot K$）	密度（kg/m^3）	热容量（$J/kg \cdot K$）	热惯量（WJ/m^4K^2）
铜	387	8900	380	0.31×10^9
水泥	0.8~1.4	1900~2300	880	$1.33 \times 10^6 \sim 2.02 \times 10^6$
石膏	0.48	1440	840	5.8×10^5
橡木	0.17	800	2380	3.2×10^5
松木(黄松)	0.14	640	2850	2.5×10^5
聚乙烯	0.35	940	1900	6.2×10^5
聚苯乙烯	0.11	1100	1200	1.4×10^5
PVC	0.16	1400	1050	2.3×10^5
聚氨酯	0.034	20	1400	9.5×10^3

放热速度（HRR）

放热速度是火灾中某种燃料对热流贡献能量的量度。HRR（通常以 kW 表示）受制于燃料的物理性质、化学性质和包装的表面积。不同家具典型的 HRR 值见表 1.5。

表 1.5　不同家具典型的 HRR 值 [1,2,5]

项目	峰值 HRR（kW）
软垫靠背椅	150~700
废纸箱	4~18
沙发	250~3000
棉垫	40~970
聚乙烯垫	810~2630
电视机	120~290
圣诞树	500~650
乳胶泡沫枕头（棉 / 聚酯）	112
衣柜（68 kg，胶合板）	3500
密封窗帘（棉 / 聚酯）	267
开放窗帘（棉 / 聚酯）	303
录像带木架	800
装满硬纸盒的塑料垃圾桶（0.63 kg）	13
0.61 m^2 的汽油池	400
1.9 L 露营燃料	900~1000
1 个电暖炉	1

热传递 [1]

热传递机理对火灾现场勘查非常重要，因为正是通过这种机理，火从起火点得以传到其他地方。热经过三种过程传递，大多数情况下以其中一种为主，但是三种都有参与。

热传导通过分子振动传输，主要发生在固体内部。热通过直接接触传递，传递的速度与材料的热导率、冷热部位的温差等因素有关。

热对流涉及材料的物理运动，主要发生在液体和气体内。热气体上升，将热量扩散到顶部和墙壁。这可能是火灾中能量扩散的主要机理。

热辐射中，电磁能量直接从一个物体传递到另一个物体（如来自太阳的红外辐射）。所有在绝对零度以上的物体都能辐射热量。如果辐射热量比吸收热量快就感觉物体凉，如果辐射热量慢就感觉物体热。在温度相同的环境中，物体辐射和吸收热量的速度相同。辐射热量的速度取决于物体的温度、面积，释放热量的速度，接收表面的温度、光洁度和颜色，接收表面对于发射表面的角度等因素。这是快速燃烧前热量传输的主要方式，是火经过隔间和建筑结构蔓延的主要形式。

火还可通过向临近表面直接侵入而蔓延。

燃烧 [1,2]

材料的燃烧过程将在第 2 章和第 7 章详细讨论，这里先作简单介绍。

炽燃（glowing combustion）发生在固体燃料热裂解而不能产生足够气体维持燃烧时。如果氧化剂（空气）进入受限，也会产生炽燃。如果向焖火提供足够氧化剂，反应速度可能迅速增加，产生更多的热量，出现焰燃（flaming combustion）。

焰燃是最常见的火灾类型，只发生于气体燃料。燃烧产生的部分热量传回燃料，进而产生更多的气相支撑火焰。火焰的颜色可以显示燃料的组成。纯碳氢化合物和氧气混合产生的火焰为蓝色（如本生灯火焰）。当碳和其他固体或液体副产物不完全燃烧就会产生橙色、黄色、红色或白色的火焰。像木材类的固体，加热时容易发生热裂解，产生易燃气体，因此可作为燃料。这样的燃烧常常同时产生焦炭，焦炭又能够炽燃。燃烧程度和焦炭产物取决于燃料的化学组成。例如，煤含有的挥发性组分比木材少，因此不产生那么多的开放火焰，但比焦炭产生的火焰多。

自燃（spontaneous combustion）是材料自身发热，最终超过AIT（自燃温度）而发生的。热量积累可能需要很长时间。之后，这种燃烧的动力就是产生热量的放热反应，如果这种热量不能释放就可能在大量燃料内部积累起来，最终造成温度上升，到达燃料的起火点。容易自身发热的常见产品是干性油（dry oil）（如亚麻油、桐油、鱼油等），其脂肪酸成分中的双键被氧化时会产生热量。浸在亚麻油中的破棉布在温度大于 70℃时，5 h 之内及其他适当的条件下就能够发生自氧化 [2]。一些催化反应自身会放热，一些微生物在煤矸石堆和草垛中也会发热。第 2 章将详细讨论不同材料的自燃。

爆燃（explosive combustion）是在蒸气、粉尘、气体和适量空气预混并引燃时发生。燃料和氧化剂预混，所有燃烧过程几乎同时发生，因此被认为是爆炸。有些情况下，火灾开始阶段是爆燃，此时可燃气体和空气混合并被点燃。

隔间内火的表现和发展

火的发展经历了几个可以预期的阶段。起火点在适合焰燃的地方时，需要点火源。用开放火焰持续点燃，材料开始燃烧，除去点火源后火焰还能维持。起火点在燃料上时可自燃。火花放出热气体产生热气流，对流带着这些产物和热量到达隔间的上部，并从底部吸取氧气燃烧。在顶部增加的气体层向房间辐射热量（见图 1.2）。

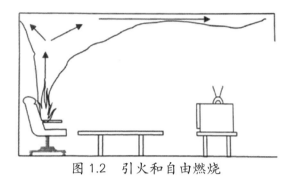

图 1.2　引火和自由燃烧

窜火阶段

对流和辐射将火焰从燃料堆积的地方向上和向外蔓延，直到附近的燃料达到 AIT 开始燃烧。辐射热向周围蔓延的速度取决于周围燃料间的距离等因素。火逐渐蔓延到附近可燃物而发展。热气中含有毒气体，部分燃烧的热裂解产物、上升的烟灰烟雾在顶部形成富燃料层，温度不断上升。房子的底部还是富氧的，随着释放热量的增加，该区域的燃烧速度继续上升。富燃料气体层会逐渐降低并最终被点燃，因为富燃料层一些成分达到了 AIT，或者直接接触到火焰被点燃。这个阶段叫作窜火（flameover），此时热气层中的火焰会不断翻滚（见图 1.3）。

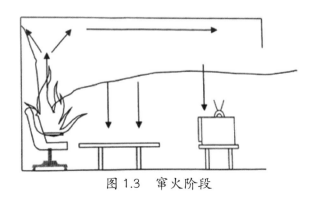

图 1.3　窜火阶段

跳火阶段

即使没有窜火发生，热气层也会向房内辐射热量，导致房内物品逐渐被加热，当物品外层温度达到 600 ℃时，可以产生大约 20 kW/m^2 的热量。在一般的房子中，这足以使室内纤维素燃料温度上升到 AIT 而自燃，这个过程叫作跳火。跳火是火由一种燃料向另一种燃料转移，最后导致所有燃料被点燃。在跳火阶段，隔间的通风条件限制了燃烧用的氧气的进入量，在特定的空间内，即使很小的火也可能跳火，这取决于孔洞的通风条件（通风因素）（见图 1.4）。

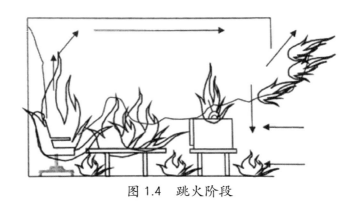

图 1.4　跳火阶段

后跳火阶段（稳态燃烧）

火是燃料、热量和空气的平衡活动。如果通风受限，那么火的发展就会较慢，温度上升较慢，产生的烟较多。如果氧气供应不足，点燃烟雾层时间就会较长，或到室外才能点燃。如果燃料燃烧速度不够快，或不能产生足够的热，跳火可能不会出现。一旦达到后跳火阶段或稳态，只要有氧气，涉及的燃料将继续燃烧，直到燃料耗尽（见图 1.5）。

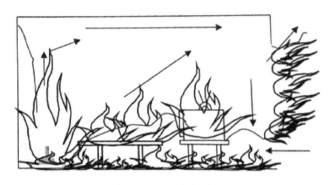

图 1.5　后跳火阶段

闷烧

最终，随着燃料耗尽，焰燃逐渐减弱，炽燃占主要地位。在火的发展过程中，如果出现氧气减少的情况（浓度低于 16%），燃料可能还保持炽热，再引入氧气又可使火以很快的速度被点燃，这种情况叫作回火（backdraft）。

影响火势发展的因素

影响火的发展速度的因素很复杂，涉及许多方面。最明显的因素是燃烧的面积。火的发展速度还与可燃材料的性质、结构、几何形状以及点火的位置有关。为了了解火势的蔓延，有必要了解现代建筑结构中使用的材料在火中是如何反应的。一般而言，建筑的结构主要受负载（重量）控制，在不同的地方建筑结构必须能够承受得了负载。着火时，不同类型的负载就变得很重要，主要包括：

- 火负载（fire load）——在有火的空间可燃材料的量。
- 设计负载（design load）——设计部件所带的材料的量。
- 实用负载（live load）——部件实际所带的负载量。
- 负载支撑（load resistance）——部件支撑负载的能力。

随着结构部件温度上升，当负载支撑小于或等于承担的负载，负载支撑下降，结构可能就会坍塌。结构变形是负载支撑降低的实例。火势发展速度不仅取决于给定隔间内燃料的负载，还取决于隔间内一定包装的燃料热量释放（多少和多快）以及对该隔间内其他燃料包热量的影响。

在稳态燃烧阶段的其他影响还包括火焰蔓延的方向，因为它可以影响热量从火焰到未燃燃料传送的方式，意味着燃料相对于火焰的角度将影响火焰蔓延的速度。垂直向上传播很快，通过辐射和传导可使周围区域温度很快升高。窗帘、壁挂和高高堆起的可燃物品都是实例。另外，在极端情况下，火焰会垂直向下燃烧，此时因为热量传递速度不够，火的发展一般很慢。

一般而言，点燃固体需要的热传递速度约为 10 kW/m²，这相当于大约 400℃ 的气层温度以及对热气层加以 20 kW/m² 辐射能量会出现跳火（约 600℃）。与不同的火势发展阶段类似的热量传递速度为[2]：

固体点燃	10 kW/m²
跳火	20~40 kW/m²
全盛的火	50 kW/m²
严重火灾	100 kW/m²

一旦跳火，大多数情况下整个房间都会着火，直到火被扑灭。有资料显示，在带有现代装饰的住房内，从明火到跳火可能只要 1~2 min[7]。

火所能达到的最大范围主要受周围空间的影响，周围空间又会影响空气能够支撑的火的面积。基本上在稳态燃烧下需要一定数量的支撑空气。如果周围表面撞击夹带空气，火焰就会变高、变长以增加氧气的夹带量。

向其他空间扩散的速度

在隔间内，燃烧如果受通风量限制，就会出现火焰向外的情况。隔间内空间受限，氧气的量常常不够燃烧所有燃料蒸气，多余的燃料蒸气将流出隔间和空气混合并燃烧。如果火与建筑物外的空气混合，热的燃烧产物和未燃烧的挥发物将在此处出现，并使附近走廊和房间的燃料受热。火可以这种方式通过适当的通道蔓延至建筑物的其他部分。

结论

本章旨在简单解释火灾发生的原因，同时让读者了解一些物理参数和化学参数，如蒸气密度、AIT值等，这些可以用于理解火灾的发展和表现。本章介绍的一些概念在其他章节会有详细介绍。

参考文献

1. J. DeHaan (1997), *Kirk's Fire Investigation*, 4th edn, Prentice Hall, New Jersey.

2. D. Drysdale (1999), *An Introduction to Fire Dynamics*, 2nd, John Wiley and Son, New York.

3. Department for Transport (2000), Local Government and the Regions, Fire statistics, United Kingdom, DTLR, London.

4. Arson Control Forum (2002), Leading the Fight against Arson, The First Annual Report of the Arson Control Forum, London.

5. NFPA 921 (1998), Guide for fire and explosion investigations, National Fire Protection Association, PO box 9101, Quincy, MA 02269-

9101, USA.

6. Office of the Deputy Prime Minister (2002), The Burning Issue: Research and Strategies for Reducing Arson, London.

7. N. Nic Daéid (2002), Fire and Explosion Investigation Working Group, Live Burn Project- Cardington, 2001, The Cardington Report- Main Room Burn, Glasgow.

2 火灾的原因（不含电器故障）：理论和案例研究

卡罗琳·马奎尔

引言

许多独立法庭调查人员的工作可能不涉及刑事犯罪案件，但是他们确实要介入可能导致民事诉讼的案件或在仲裁人面前对人身、财产和环境伤害进行听证。在爱尔兰，作为一名独立火灾调查人，我接受保险企业和私人客户代表的委托。简言之，我的任务是调查火灾原因，注意可能导致严重人身伤害和财产损失的任何情况。保险公司需要知道火灾是事故还是人为造成的，保险履约条件（保证）是否实现，是否对被保险人、第三方或者受害方有疏忽。根据民法是否违反法定义务、规程或法规？是否遵守了建筑物防火规章？电、气、油的安装是否符合标准？私下是否还有其他生意，民房中是否安装了设备？所有申报的损失是否由特定事故造成？所有列出的财产是否都在房子内？这样的损失将来是否可以避免或降到最低？私家代理人寻找物证支持或反对申报的损失，或者在与保险公司的争论中支持自己的观点。

在检查、记录、拍照和保管证据时，调查人员必须保持独立和客观，而且要在多年后还能回忆起每一个细节，同时这些回忆要站在目击者的立场上。不利的现场访问笔记和照片也必须保管好，因为带有烟灰和水渍的陈年原始手写笔记的证据价值胜过任何其他东西。火灾后多天、数周甚至更长时间，独立调查人才收到调查请求是很不利的，私人诉讼当事人代表的要求尤其如此，因为此时可能已经没有物证留下了，现场还可能已经被夷平甚至重建。这时，独立调查人应从警察、消防队和其他调查人员制作的报告和拍摄的照片入手，这样也许能够得到物证和测试报告。不管时间和调查性质如何，调查要以火灾现场、涉及的建筑物和材料、过程、人员为中心，识别可能的火源和目击证人。

燃烧

火是氧与其他分子发生的放热化学反应。在点火过程中，需要某个最低能量产生可燃蒸气，引起蒸气与氧气的燃烧。只有可燃蒸气和氧的混合体积比达到相关蒸气的燃烧上下限范围（见表 2.1），反应才能发生。燃烧放出的能量以热、光和一系列气体、液体、固体物质来体现。气体、液体和固体的燃烧动力学在 NFPA 的出版物（1976 年及以后版本）[1] 和德赖斯代尔（1985）[2] 的观点中有全面的介绍。不管是作为狩猎者、采集者还是现代城市居民，都应该控制燃烧或者有意识地用火，使人类自身得到发展并利用好环境。

表 2.1　常用可燃气体

气体	常用名 / 用途	燃烧极限（空气中体积，%）	点火温度（℃）	蒸气密度（kg/m³）
甲烷	天然气 / 家用	5.0~15.0	540	0.6
丁烷	露营气体	1.9~8.5	540	2.0
丙烷	LGP/ 家用	2.2~9.5	450	1.6
乙炔	切割 / 焊接	2.5~100	305	0.9

可燃材料

可燃材料大多数取自天然含碳的能进行光合作用的植物。可燃材料作为燃料燃烧，用于防御、取暖、照明和做饭有很长的历史。在使天然火源保持不灭后，我们的祖先又发展了通过摩擦和其他方法引燃合适材料的技能，这些技能现在还在使用。早期的燃料——干燥植物材料还在以不同的方式应用，无论是废料还是有意砍伐的，仍在世界范围作为燃料使用。自工业革命以来，化石就成了主要的燃料。现在仍处于工业社会，大规模焚烧废料作为燃料也已逐渐被接受。虽然燃烧和可燃材料已经成为现在日常生活的一部分，但是因无知和粗心大意引起的火灾还在很多地方时有发生。

在考虑燃料火灾失控之前，探讨含碳材料的化学和物理结构及其可能出现的情况大有裨益。

1. 纤维素

在光合作用过程中，绿色植物细胞吸收太阳能，把空气中的二氧化碳和水结合在一起，生成碳水化合物并向大气中释放氧气。光合作用的直接产物是一种含有 6 个碳的糖分子——D- 葡萄糖。在植物细胞内，D- 葡萄糖很快被氧化提供能量，用于合成一系列复杂分子，包括多糖、蛋白质和脂肪等。这些分子一部分以淀粉形式保存在特定的组织中，但大多被结合到 D- 葡萄糖缩合的长链产物纤维素中，纤维素用于构建细胞结构。排列成微纤网的纤维素会形成弹性外壳，这个外壳就是绿色植物的细胞壁。被其他碳水化合物特别是积累的木质素（一种复杂的交联缩合产物，化学稳定性好）层拉伸、加厚和变形后，细胞壁就成为纤维、木材和储存组织的基础。

2. 纺织纤维

棉花的单细胞籽毛是最常见、最古老、最柔软的纺织品原材料之一，是日常使用的最纯净的纤维素。不同植物的多细胞茎纤维是亚麻、苎麻、大麻、剑麻的基础。植物纤维制成的纺织品用于制作衣服、软装饰、室内装饰、地面材料、绳索、衬垫、包装和清洁材料等。个人纺织产品结构相对一致，燃烧性质受厚度、针织密度和表面上光质地等表面性质影响。表面上光质地对织物表面的过火速度起主要作用。很薄的松软纺织品，如棉、苎麻纤维针织物比较蓬松，表面不同于一般纺织品。当这些纺织品暴露在火源中，火焰在表面传播很快，因此也叫作"表面跳火"（surface flash）效应。表面带有凸起条纹的织物，如磨砂棉、天鹅绒、灯芯绒等，表面也很容易快速燃烧。许多国家推行强制标准，规定了最终使用的纺织品的最低防火要求。

3. 木材

树干的木材组织由树皮内按年轮分布的窄长而坚韧的纤维和较宽的导水元素组成。整个结构由木质素、其他复杂的碳水化合物和较短的木射线细胞构成。树木的生长方式因树种而异。温带树木，较早生长季节会产生很宽的导水结构，夏季和秋季产生的细胞则比较狭窄。相比之下，热带树木全年生长的细胞直径差异较小。一些木材，包括温带和热带树种，很松软，质地很像海绵，而另一类则结构精细致密。"硬木"和"软木"这两个词有些被混淆了，因为前者常常是指阔叶木，后者指松树，而不是指结构和密度。随着树龄增加，内部老细胞枯死后树干就会变空，然后被丹宁和其他杂质填充，树木变暗，密度增加。"硬木"变干后还会有很高的密度，而生长时间短、颜色浅的边材干枯后里面会变中空。因此，天然木材的结构是不一致的，即使从同一棵树上砍下的木材也有很大的差异。

用作结构材料时,木材沿平行于纤维和导管的长轴方向被剖开,有的被剖成木板,有的经防腐、上色、抛光处理后用于建筑物和家具。致密精细的松木主要用于结构材料和地板,在许多老式建筑中还会用到橡树木条,而枫树有特殊用途。温带硬木,如橡木、榉木以及最好的针叶木(雪松等)可用于实用家具和建筑装潢,而热带和温带硬木(桃木、红木、柚木、胡桃木等)主要用于精细家具和表面装饰。

4. 木材产品

质量不太好的木材、木片、木块,用合成树脂黏合在一起,用细木贴面或塑料压面,做成胶合板、黑板、硬纸板、纤维板等产品。这些产品比天然木材更均匀,用于室内装饰、家用和商用廉价家具。一些高质量的胶合板用于需要张力和防水的造船、房顶和其他场合。纸浆(松木、杉木等)是造纸原料,用于日常家庭和商业中,数量大、品种多。

5. 其他植物产品

树干、树叶、果实、种子都直接或间接用于人或动物消费,或者作为工业原材料大量运输、存储。为人和动物食用而种植的植物含有大量的糖、淀粉、油脂,一个行业处理的部分残渣常常可作为另一个行业的原材料。

6. 动物产品

我们每天大量使用来自动物和微生物的材料。大量奶产品、动物油脂、发酵固体和液体、干蛋白质、肉和骨类食物、鱼副产品、皮毛都可能出现在加工场所、大宗商品仓库,或者作为其他商品的伴随污染物。作为产品或污染物,这些东西要么是原材料,要么是加工过的,要么是混合了原材料或加工材料的植物材料。在日常使用中，蛋白质纤维羊毛是最古老、最常见的纺织纤维。我们可能会遇到大量存储的原羊毛。在衣服、软装、地毯和墙饰上，加工的动物纤维可以单独使用，也可以和其他动物、植物或人造纤维结合使用。

7. 化石烃

化石烃是古代植物和动物组织因缺氧而分解的产物，主要有煤炭、石油、汽油、天然气等。这些燃料在世界范围内交易、运输，是工业和家庭使用的主要商品。在许多国家，私人大规模储存和运输、分销储存和销售、储存可燃液体和气体受法律管制。英国和爱尔兰的法律和行业规范，与欧盟其他成员国、美国、加拿大、澳大利亚和新西兰的，有很多相似之处。但是少量用作溶剂、喷雾剂等的液体或气体，在工业和家庭中还是比较容易得到的。

作为大宗燃料，在大多数情况下，天然气已经取代了煤气。天然气从产地通过国际、国内管道加压输送，并以低压供应到家庭和工业用户。其主要成分是甲烷，比空气轻。液化石油气（LPG）是石油工业的副产品，用不同规格的压力容器供应到用户。商业丙烷的主要成分是丙烷，还含有丁烷及其不同异构体的混合物，以固定大罐或者以 11 kg/26 L~47 kg/108 L 手提气瓶供货。丙烷必须露天储存。商业丁烷的主要成分是丁烷及其异构体的混合物，还含有丙烷，以 11kg/26 L 手提气瓶供应，可以存放在室内。还有少量压力罐供货，其用于露营、灯具、焊割或者其他气体火炬以及香烟打火机、卫生间气雾剂、空气清新剂、油漆和污渍消除剂的推进剂，LPG 比空气重。气雾剂罐中的丁烷，特别是作为空气清新剂推进剂的丁烷，有时被人（主要是青少年）滥用。

根据英国和爱尔兰以及其他地方的法律，大量储存和销售的液体燃料是根据与空气混合物的可燃温度分类的。在爱尔兰，根据

1972 年《危险物质法案》[4]（*Dangerous Substance Act*）的规定，相关分类如下：

● Ⅰ类石油产品，是指在正常大气压、温度低于 22.8℃下产生可燃蒸气的石油产品。

● Ⅱ类石油产品，是指在正常大气压、温度高于 22.8℃且低于 60℃下产生可燃蒸气的石油产品。

● Ⅲ类石油产品，是指在正常大气压、温度不低于 60℃下产生可燃蒸气的石油产品。

Ⅰ~Ⅲ类产品一般相当于商业汽油、煤油和柴油。因为容易点燃，汽油或Ⅰ类石油产品常用作火焰助燃剂（fire accelerant）。但正是由于这个特性，汽油在没有经验的使用者（无论是无辜者还是罪犯）手里很危险。在大多数司法体系中，石油的储存、销售（即使是少量的）都受到严格的法律管制。而煤油无论是大量的还是少量的都可以随时获得；柴油主要作为大宗燃料。

除了作为燃料，低沸点的石油馏分（如甲苯和二甲苯）作为溶剂，具有广泛的用途，主要用于喷漆、木材装饰、上光剂、印刷油墨、清洗剂和防腐剂。因此，在工业、商业和家庭中都会遇到这些组分，从几毫升到 25 L 甚至 250 L 的容器不等。

因为会产生空气污染，许多司法体系不允许家庭使用烟煤，但可在开放火场或密封的炉子内使用各种无烟燃料。用于开放火场的无烟燃料中可能含有一定比例的石油焦，其容易点燃，被做成弹丸焦后更容易放出热颗粒。在爱尔兰，常用机器或手工加工成煤饼并将其作为燃料。干煤饼容易点燃，燃烧时几乎没有烟。一些固体燃料的存储和运输，燃烧这类燃料的设备性能、安装也有相应的行业标准和规范。

8. 塑料

除了作为燃料和溶剂,石油化学品还是制造大量合成聚合物(天然含碳分子的反应产物)的原料。这些聚合物一般分为热塑型(加热融化)和热固型(加热时保持固体形态),其特性决定了在火中的表现。这些聚合物还可与无机纤维(如玻璃、石棉或黏土)混合,以满足不同需要。这些聚合物也可以和有机纤维混合使用,如涂在纸上或木材产品上,或作为机器零件润滑剂。很多应用已经很常见,如纤维(饱和聚酯、尼龙66)、包装膜(聚乙烯、聚酯)、存储材料(中密度聚乙烯)、仪器面板和装饰面(丙烯酸酯、刚性聚苯乙烯、三聚氰胺甲醛)、装饰泡沫(聚氨酯)、建筑隔热材料(发泡聚苯乙烯、刚性聚氨酯)、地板和坐垫、水管、电器绝缘材料(聚氯乙烯)、电气配件(脲甲醛)。酚醛树脂有广泛的用途,包括制模、黏合剂、硬质整理和发泡。在建筑大楼中,玻璃强化不饱和聚酯用作半透明面板塑造成刚性结构,如耐压船体、机器罩、建筑物面板等。聚苯乙烯、聚氨酯和酚醛泡沫在钢结构板中被用作隔离芯。

点火

火焰点火

"点火可以被定义为发生快速放热反应,然后蔓延造成相关材料变化,产生大大超过环境温度的过程。"[2] 如果能量释放足够快,就会产生火焰。点燃气体和挥发性液体一般都会产生有焰燃烧。超过燃烧下限(lower limit of flammability),过量的氧气就会很快释放,导致温度迅速上升,燃烧产物也会随之膨胀。这个过程如果发生在密闭空间,就可能发生气体或蒸气爆炸。接近燃烧上限(higher limit of flammability)时,燃烧的同时还会产生很多未燃烧的含碳颗粒烟灰。

1. 气体

根据定义，在室温下，气体是以蒸气形式存在的。当气体和空气混合物在燃烧极限内，并且有发生氧化反应的足够能量时，就会发生燃烧。能量可以由火焰、机械、电火花或者来自热表面的热流提供。之后只要气体和空气的比例保持在燃烧极限内，反应就会产生足够使其维持下去的能量。

作为燃料，可燃气体的利用率取决于向燃烧器安全地输送气体并控制供气速度的技术。大多数涉及气体的爆炸和火灾事故是由粗心大意和失误造成的，只有少数是由于未能正确安装气体处理设备引起的。

2. 液体

可燃液体需要吸收一定的能量才能产生燃烧极限范围内的空气—蒸气混合物。闪点，是指在大气压下挥发性液体和可燃空气—蒸气混合物达到平衡的最低温度。之后，如果要想继续燃烧就必须有足够的能量，并且将空气—蒸气混合物的温度提高到闪点。[2] 低闪点液体需要特别处理，因为它可能在低于环境温度时就已经达到了点燃的条件。

将可燃性低的液体吸收到热导率低的多孔灯芯材料上，燃烧就变得容易了。当灯芯一端浸入可燃液体，点燃另一端时，在毛细管作用下，液体就会不断上升代替被燃烧掉的液体，这就是几千年前发明的最简单的油灯的原理。直到第二次世界大战，欧洲的部分乡村还在广泛使用这种油灯。这种灯用贝壳或烧硬的黏土做容器，里面装有鱼油或植物油，并且有纤维灯芯。牛油和蜡烛的工作方式相似，流下来的蜡油保证了燃烧能得到控制。如果是被包装起来的蜡烛，只要有足够热流，灯芯周围就会有一片融化的蜡油，火焰也会从长长的灯芯蔓延到液体表面。为避免出现这种情况，必须不断修剪灯芯。近些年，很多人（尤其是年轻人）热衷于用蜡烛装饰房间。

石油化学工业生产的油更容易挥发，要使用这些油就要依赖适当的技术来控制。带有密封燃料池和玻璃罩的煤油灯、加压煤油火炬、手提煤油灯和空间加热器，在 19 世纪到 20 世纪 60 年代使用非常广泛，之后被石油液化气技术取代。现代用于取暖的煤油或汽油燃烧器一般用电打火或原子化点燃系统。

3. 固体

固体表面释放的挥发性物质通常需要化学分解，因此，引燃固体物质需要的能量比气体和液体更多。可燃材料（如纤维素、塑料）通常具有较低的导热性，即使热量不易从点火点扩散，也会迅速升至燃烧温度。为了使燃烧持续进行，周围材料必须在短时间内被加热，以达到提供持续挥发性热裂解产物——气流的目的。点燃需要的时间取决于固体的数量和物理结构、加热速度和时间以及散热速度。总之，同样的化学分解，编结得较宽松、包装得较松散、带有直立纤维或者表面有边缘的薄层材料接触高能源（如火焰或火花）时，相对比较容易起火；相反，密度高、包装紧密、编结致密、表面平滑的材料，相对不容易起火。

4. 纤维素材料

表 2.2 概述了前面叙述过的木材受热分解的四个阶段。[1]

表 2.2　暴露于高温中的木材分解阶段

温度	反应
<200℃	产生水蒸气、二氧化碳、甲酸、乙酸——所有都是非可燃气体
200℃～280℃	少量水和一些一氧化碳——主要还是吸热反应
280℃～500℃	和可燃蒸气、颗粒进行放热反应，一些二次反应木炭的形成
>500℃	主要为木炭残留物，有明显的催化作用

有证据显示，长时间接触中等温度热源（如热水管）时，固体木材或木材制品（如纤维板）就可能发生热裂解。有人怀疑，长时间受热，即使只是达到沸水的温度也能形成焦炭，焦炭反过来又能引起自热。有人提出100℃是木材能够连续接触而没有燃烧风险的最高温度，并建议不能让水温超过150°F（66℃）的自动烧水器的供热水管和散热器靠近可燃材料，且在安装时要留安全缝隙。一般认为70℃是纤维素材料接受微生物或外来热源热量开始化学氧化自燃的温度。[3] 自燃将在"可燃固体火源"一节作专题讨论。

5. 塑料

发生在家庭、工作场所、公共建筑物内的火灾，大部分是由塑料引起的，起火原因主要是产生了可燃裂解产物。在火中，塑料的燃烧速度取决于塑料是热塑性的还是热固性的。热塑性塑料在火源中会不断熔化，一旦被点燃就会通过燃烧液滴的流动使火迅速扩散。广泛使用的聚苯乙烯泡沫是热塑性的，相对不易点燃，因为聚合物受热会收缩。但是，聚苯乙烯泡沫一旦被点燃，火焰在表面蔓延速度就会很快，并且会产生浓烟。聚乙烯受热会熔化，一旦被点燃，燃烧速度很快，火焰较小且烟雾很少，但会流出燃烧后的液滴。热固性塑料会产生坚硬的焦炭，自身即可产生闷烧，与其他能够温和燃烧的材料接触后也会产生闷烧。有些场合表面产生的焦炭能形成隔离层，具有火阻滞剂的作用。一些塑料引起的火能够自己熄灭，但如果继续与外来火源接触则很难自己熄灭。PVC材料要想被点燃，温度必须高于470℃。总而言之，许多塑料在400℃~500℃就可以被点燃。

6. 纺织品

现代纺织品既含有天然纤维又含有人造纤维，有时甚至是三种或三种以上纤维的混合物。纺织品的覆层或包边可采用其他材料，这些材料包括塑料、布料或其他织物。起装饰作用时，如果有多种材料，纺织品可置于最上层。无论是长期使用还是短期使用，人们都会用洗涤剂、水和溶剂清洗纺织品，这将改变织物的物理性质，降低阻燃处理的效果。

表 2.3 展示了不同纺织品的燃烧速度和强度性能（取自 PD 2777：1994[3]，根据 BS 5438：1989[6]）。根据几项英国标准和国际标准，专家对用于装饰家具和床上用品的覆盖层和填充物组成进行了实验。研究还在进行，其目的是改进纺织品可燃性实验的方法并提供最终使用条件，以应对标准的国际壁垒。

表 2.3　不同纺织品的燃烧性质

可燃性类型	性质	典型材料	评论
高度可燃	下边材料很快燃烧起火	很轻的棉绒或黏胶	根据《美国可燃织物法案》的规定，不得作为服装面料
表面速燃	织物表面快速起火，但是材料下面未点燃	棉、麻、黏胶的梳理、蓬松和针织品	如果表面竖起、干燥能够速燃
可燃	容易点燃，燃烧快、完全	醋酸酯、丙烯酸酯、棉、亚麻、三乙酸酯、黏胶	应用广泛、常见的服装纤维
低可燃热塑性塑料	用火后融化，可能点着，着火后产生融化的液滴	聚酯、聚酰胺、PVC	当和非热塑性塑料纤维混合，或经某种印刷、上光处理后能较快燃烧
燃烧速度有限	可以点燃，火焰不能持续，形成非熔化固体炭渣	阻燃棉、黏胶、羊毛、变性聚丙烯酸	耐磨或不耐磨阻燃处理相关性质
无法点燃	不可点燃	芳纶、PBI、炭和玻璃纤维	用于热保护仪器

闷烧

纤维素材料和一些热固性塑料受热时能够产生多孔焦炭和挥发性燃烧产物，但是不容易点着。焦炭闷烧是一种自动持续无火焰燃烧，挥发性产物在表面凝结为焦。当没有足够的氧气促进挥发产物有焰燃烧时，这种类型的燃烧就可能发生，这常常是事故火灾发展的重要阶段。德赖斯代尔（1995）[2]描述了水平纤维素杆上的闷烧，过程如下：

● 1区——裂解区，温度急剧上升，从原来材料上流出燃烧产物（焦、挥发性液体、烟）。在有焰燃烧中，这些产物形成火焰。

● 2区——烧焦区，温度达到最大值，典型温度为600 ℃ ~ 750 ℃，冒烟停止，出现火苗。氧气的渗透决定了热量释放的速度。

● 3区——残留灰或焦，温度缓慢下降。

这个过程可以在香烟的燃烧中看到。事实上，只要密闭空间内含有纤维组织的干燥木材和其他植物材料肯定能够闷烧，因为只要有燃料，外部因素便会趋于保存热量。干燥植物组织内部的空气毫无疑问是燃烧的能量来源，如果缺乏氧气便不会燃烧。我的观察实验证实，下列材料不仅容易发生闷烧，而且也容易维持：黄麻，无论是松散的纤维还是编织的袜子；棉，特别是松软编织的织物；软纸，如厨房用纸、面巾、纸巾或卫生纸；波纹包装纸板；木材刨花，无论是松软的加工废料、包装材料，还是旧式装饰中的填充材料；家用绒毛，多种植物、动物、微生物和无机残渣；吸尘器打扫的垃圾（可能含有以上任何颗粒）。这些材料为短暂的火源（来自金属切割、焊接的火花，小块烟头火星，短暂火焰接触）提供了引燃物，使材料能够产生闷烧，并发展为包含大量燃料的闷烧。

轻质纤维素材料具有较低的点燃温度，这意味着受热燃烧的气体能够在离原火源一定距离的地方点燃。棉网窗帘和纸灯罩这样的结构，会让人产生有多个点火点的错误印象。支撑纺织物的金属挂钩，常常能在火灾中保留下来。

可燃固体火源

吸烟材料

在家庭和工业场所，引起火灾的常见原因是忽视对吸烟材料和废弃物的处理。香烟和火柴是最常见的火源，都会引起火灾。当人们没有将烟头放入烟灰缸或将烟灰倒到垃圾篓里的可燃材料上，就极易引发火灾，这样的事情经常发生。当火柴和烟灰掉到衣物或床上用品上时，就可能给吸烟者带来灾难性的后果。这会导致严重的烧伤甚至死亡，特别是当受害人为孩子或老人时，他们可能因反应迟钝而不能很快呼救。英国的研究已经确定，老人的衣物和床铺特别容易引发火灾[3]，年幼者也是这样。

有的人喜欢在床上边阅读边抽烟，烟还没吸完就睡着了，醒来时就发现床铺正在闷烧。有这样一个案子，我受邀去检查被火柴点燃的衣服，衣服是一个年轻妇女的，开车时她想点根烟，不想划着的火柴掉到了座椅上，点着了她轻薄的棉外衣，她虽试图停车下来，但还是遭受了严重的烧伤。还有一个案子，一个 3 岁的女孩被放在车里，她妈妈去开家门，没想到女孩从仪表板下面的格子中取出火柴，点燃了蓬松的聚酯坐垫。母亲回来后发现车里都是烟雾，孩子也受伤了，最终失去了部分指头，脸上也留下了严重的疤痕。女孩因为穿了羊毛外套和紧身衣，身体才免遭了更严重的伤害。

我在实验中发现，标准长度的过滤嘴烟头刚点燃时可以闷烧 10~20 min，暴露于空气流中的燃烧速度可能更快，这点很少有人注意。为了调查一起仓库火灾案，我还开展了另外一项实验。实验是这样的：点着的香烟吸到一半时被放在卫生间卷纸的外包装聚乙烯塑料膜上，很快就能烧透包装。热烟灰一旦接触到卫生纸，卫生纸很快就闷烧起来。在有少量空气流的环境中，卫生纸闷烧了大约10 min，包装袋上方都是烟雾，并且产生了明火。12 min后，卫生纸燃起了火苗。14 min后，火势就难以控制了。在实验中，我们最后使用了水管灭火，但是如果停止浇水，火势就会复燃，这样反复了数次。

还有一个案例，当时一群女士坐在宾馆大堂等喝下午茶，其中有两个人面对面地坐着，她们的椅子靠背都带有软靠垫。服务员把茶端上来时，另一个斜靠着椅子闲聊的人点着了烟，没多久她就去跟另一群人聊天了。之后，面对面坐着的两个人中有一个站起来去倒茶，等她拿着杯子回到座位时，发现朋友的头上好像冒出了一缕烟。接着烟雾越来越大，她这才意识到自己没有看错，烟的确是从朋友背后冒出来的。她赶紧提醒朋友，朋友迅速站了起来，并且拿起了坐垫。和椅子靠背接触的松软坐垫上已烧出了一个洞，这个洞直径约100 mm、深约20 mm。有人不断地用剩下的茶水往火上浇，同时服务员也拿来了一壶水，最终将火浇灭了。从吸烟者离开到看到烟大约只有5 min，椅子是用泡沫装饰、棉布覆盖、按防火标准预定的。看见起火的那位女士说，火肯定是因为香烟上掉下来的热灰颗粒落到椅背和松软垫子之间引起的。但是，另外三个人都没有注意到烟灰是什么时候脱落的。

还有一个类似的案例，垃圾中含有热烟灰引起了闷烧，然后传到了其他材料上。在这个案例中，20多岁的N小姐每天和父母在家吃午饭，她饭后通常会吸烟。N小姐的父亲N先生非常反对吸烟，调查中他也表示完全反对在室内吸烟。为了保持家庭和睦，N小姐的母亲N女士会用吸尘器吸掉新产生的烟灰。N女士坚持说她不会用吸尘器吸烟蒂，但会在女儿扔掉烟头后马上吸烟灰。随后她会把吸尘器放到通向后门的走廊里，那里也是放报纸和挂外套的地方。一天下午，正当一家人看电视时，走廊传出了异常的声音，他们过去看到已经起火，并马上报了警。接到报警后，消防队迅速赶到现场，并控制住了火情。对残渣的调查显示，火是从吸尘器旁边的地板上烧起来的，吸尘器在外套下面的部分完好无损。吸尘器的塑料外壳底部有一边被烧穿了，包着灰尘纸袋的部分只是被烧软了。割开后发现吸尘器内已经有了灰斑，灰尘纸袋有大约 2/3 的部分被烧焦。吸尘器收集烟灰后大约 5 h，闷烧的烟灰就熔化了塑料壳，之后蔓延到报纸，随后又蔓延到挂在上面的衣服。因为一些塑料衣架被熔化，挂在上面的衣服掉下来惊动了家人。幸运的是，他们没有破坏吸尘器里的物证。

许多工作场所都禁止吸烟，但是在非工作时间禁烟纪律常常被打破。例如，加班时，特别是周末、节假日，工人如果盘点、维修，很可能会不遵守禁烟纪律。下面的两个案例说明了这个问题，并且发现不仅车间工人会这样，高级经理和高层管理人员也会这样。这应该作为防火安全培训的一部分来讲授。

下面是第一个案例。一家飞机维修企业的办公场所位于一栋四层楼的建筑内，很不幸，20 世纪 90 年代早期这里发生了一场重大火灾。大楼的绝大部分带有大型飞机维修悬吊，并且有一个四层楼的仓库，仓库的前面是管理区。火灾发生时，两架大型客机正在悬吊上维修。

大楼前面的楼梯和电梯可以通向上面各层，顶层前部是公共套间和个人办公室。地面是厚水泥板，办公室地面铺了工业地毯。房顶悬挂着轻质钢和厚矿物板天花板，外墙上有一排窗户。内墙开放循环区内是一间挨一间的办公室，没有防火隔离带，各办公室都有出口通向楼梯和电梯。

公共办公区被划分为四个部分，每个部分是一个工作站。每个工作站都有一个 L 形的桌子，桌子的边缘都有很高的挡板与对面工作站隔开。桌子和相邻单元由安装在钢架上的压层板和 PVC 覆盖的纸板建造。桌子一边上方有架子，下面有抽屉；另一边下面是垃圾篮。桌上有电脑、电话设备等。每个工作站有标准办公转椅，转椅的钢质框架上装饰着 PVC 和聚氨酯泡沫。垃圾篮的材料为聚丙烯，电脑和电话设备中含有其他多种材料。装有电器和电子设备的 PVC 大箱子沿办公室外墙下部摆放。

周日早晨，一位女员工在离楼梯最远的办公室里工作，大约上午 11：00 她离开办公室去了小卖部。11：07，她工位旁边工作站上方的烟雾探测器响了起来。与此同时，维修悬吊上的飞机牵引车引擎失火了，冒出了一团黑烟。有人认为是这团黑烟触发了报警，所以没有在意，之后报警也没有再响。不久之后，报警器又响了起来，后来又停了。11：17，有路人向总台报告顶楼窗口飘出了烟雾，最终才发出了紧急警报。

现场调查显示，火是从工作站开始的，火警发出前还有员工在那里工作。检查电脑和内部电气设备，没有发现异常。里面的导线都放在管子里，这就说明火是从外面烧起来的。消防人员转移了许多残留物，但是地毯上的痕迹表明抽屉和垃圾篮的底部都没有被烧到。这就清楚地表明，桌面、架子和大多数抽屉都是被来自垃圾篮方向的火烧掉的。之后火蔓延到了邻近的工作站，烧毁了火源上方的天花板，但是楼内其他织物的损毁则比较小。不过，整个办公区的地板上到处是严重的烟痕，造成了办公室电脑全被烧坏了。

当展现物证时，这位女员工承认，虽然工作期间禁止吸烟，并且公司也没有提供吸烟区，但她还是吸烟了。她在一张纸上掐灭了香烟，弄皱了烟蒂，扔到桌边的垃圾篮里，然后离开办公室去了小卖部。在这个案例中，虽然因为员工不遵守禁止吸烟的纪律导致了火灾，但大楼的布局、材料、违反了消防程序也是不可忽视的因素。

第二个案例发生在盘点期间，火灾发生在一所房子里，房子中有带玻璃门的汽车展厅、车间、仓库和办公室。办公室是用预制板和强化玻璃平板建成的，带刨花板地板和天花板，并且用砌块把展厅、车间区分开。办公室的墙上涂了漆，地上铺了地毯。周末只有汽车展厅、车间和仓库的销售大楼关闭，而前院则正常营业出售燃料。

在查账员的见证下，盘点人员从星期五就开始商议如何盘点。星期六，两位中层管理人员和接待员一起加班，准备下周一会议上使用的文件。零件经理和销售主管花了一天的时间与接待员和仓库核对库存和准备单，由接待员在电脑上编辑库存报告并复印。电脑桌位于仓库大门和汽车展厅之间，复印机则放在靠墙的橱柜上。接待员说，工作结束的时候，报告、发票和其他文件在办公室里堆积如山，甚至地板上也堆满了。

接待员是最后离开的，她关掉了所有的设备和电灯，锁上了办公室的门和外面办公区的门，离开大楼的时间大约是 17:00。不久之后，一个在前院的客户发现了火情，他通过楼前的玻璃看到办公室的火苗并报了警。消防员 17:10 接到报警，8 min 后到达了现场。消防员发现门锁上了，外面的玻璃完好无缺。

这场火灾发现得早，消防队接警后 8 min 就到达了现场，但是外隔墙和办公室内的东西还是损坏严重。家具的可燃部分已被烧光，地上的纸、椅子、桌子全部被烧焦，火从隔墙蔓延到地板，又从地板蔓延到电脑桌旁边，最后蔓延到仓库和展厅的两辆新车。燃烧模式显示，起火点位于或接近仓库门和展厅之间，那天员工就是在那里工作的。检查后，可以排除电器起火，但不能排除员工涉案的嫌疑。

因为经常有人吸烟，所以经理坚持工作区域禁止吸烟，并且这一规定得到了所有员工的认可。但是，加班参加盘点的员工却认为他们没有在正常工作时间吸烟，因为盘点是在非工作时间。火灾发生前几天就有人开始吸烟了，查账员在之前的会议上曾向人要烟灰缸。参加盘点的员工也曾吸烟，之后几天这三个人都在吸烟。接待员承认，工作时她一般不吸烟，但是前几天和起火那天一直在吸烟。她已经不记得着火那天烟灰缸是否还在她的办公室，也不记得那天是否用了烟灰缸。出于安全考虑，她在离开办公室之前就在地毯上将烟头儿踩灭了，因为她不想把烟带到前院。可是她刚离开 10 min，就发生了火灾。即使所有员工都不承认吸了烟或者不经意点燃了香烟，但在其他区域也应该能够发现扔掉的烟头和用过的火柴等物证。

火柴

火柴最常见的用途是点燃香烟、雪茄、烟斗，因为火柴使用起来非常方便。许多人会用嘴吹灭或用力摇灭火柴后再丢到垃圾桶，也有人将火柴放到烟灰缸里。有的人不管有没有将火柴熄灭就扔到地上，特别是在比较大的空间里，如商店、工厂大楼。不管是在地上还是在垃圾桶里，火柴很可能复燃。如果火柴落到可燃材料上，火势就会迅速发展。废纸或其他垃圾可能被引燃，火进而蔓延到其他燃料上。一般来说，由火柴引起的火会迅速燃烧。

有时候，点燃的火柴会被扔到不允许或不该有明火的地方。最近我和迪尔米德·马克·戴德博士专门做了一个实验，以确定以下三个问题：（1）如果随意往背后扔火柴，会扔多远；（2）如果把正在燃烧的火柴扔到地上，火柴继续燃烧的可能性有多大；（3）如果将点着的火柴扔到纸条上，是否能够点燃纸条（材料由调查时的案件决定）。实验在一座大楼的室内进行，在实验（1）和实验（2）中，每位参与者扔两批火柴，每批100根。获得的结果如下：

● 向背后扔的火柴会落在一个直径约等于操作者身高的圆圈内，其中大概有70%的火柴落在直径约为1 m的圆圈内。

● 在向后扔的100根点燃的火柴中，平均有3根会在地上继续燃烧（进行这项实验时，火柴可能落的地方不能有纸，因为这是非常不安全的）。

● 点燃的火柴从75 cm高的地方垂直掉到纸条上时，100根中会有20根引起纸条燃烧。

● 点燃的火柴被扔向1 m外的纸条上时，100根中会有11根点燃纸条。

● 点燃的火柴被扔向3 m外的距离时，10根会全部熄灭。

实践表明，由丢弃的点燃火柴引起的火灾通常离丢弃者很近。如果不是在杜绝明火的地方，由偶然丢弃的燃烧火柴引起的火灾长时间没人注意进而引起严重火灾的，是非常少的。我曾经调查过，有一个地方进入需要经过安全隔离带，交出火柴、香烟、打火机，并且拍照留存，这就是石油燃料仓库，因为人们都清楚那里可能有浓度非常高的可燃蒸气。但是也有许多地方（如工作场所），没有严格执行杜绝明火的规定，从而产生了灾难性火灾。

制造发泡聚苯乙烯隔离块的工厂，曾经发生过一起严重的火灾。这场火灾是由人们日常习惯造成的，就是允许员工在进货斜坡上掐掉香烟。工人走到大门，必须经过大块聚苯乙烯泡沫块存储区，这些聚苯乙烯泡沫块都是刚生产出来的，正等待冷却切块。后来有人介绍说，这个地方不允许存放垃圾，但泡沫块的底下会有少量松软的聚苯乙烯碎屑。吸烟工人离开后没几分钟，从门到斜坡附近的泡沫块起火。之后工人报警，并试图灭火。吸烟工人的陈述与其他两个在此工作的人不同。火势蔓延很快，剩下的人不得不逃生，大楼内外的所有财产都被烧毁了。这场火灾可以排除是电器造成的，除了不经意扔的火柴或故意破坏外，无法确定其他原因。该案中，故意破坏的可能也可以排除。这位工人承认经过斜坡的时候吸烟了，但是否认在仓库内丢弃点着的火柴。造成这种情况有两方面的原因：一是工人的问题；二是管理的失误，即放任危险做法变成常态。

还有一个类似的案例，该案的起火点是包装物的垃圾堆，开始只是小火，然后逐渐蔓延，最后吞并了肉类加工厂的大部分区域。这次又是一个年轻工人在材料堆附近吸烟，他承认在附近吸烟并扔了火柴。但他声称，当时他是背着门站在外面扔火柴的，离起火点有 5 m 远。他说他看到起火了，但因为害怕被开除，所以没有立即报警。他不但没有报警，反而关上了门，并且说他认为火会熄灭。其他同事看到烟跑过去时，火已经控制不住了。

在上面说到的两个案例中，禁烟纪律松懈是引起火灾的罪魁祸首：有的工人刚刚离开工作区就开始吸烟，有的工人还没走向吸烟区就开始吸烟，而管理人员对这些行为熟视无睹。这两起案件都导致了非常严重的后果，不仅损失了数十万英镑的财产、员工被开除，环境也受到了污染。

固体燃料

开放的壁炉和传统燃料炉不仅使房间看起来更美观，而且也更加舒适，但是因为需要手工添加燃料，处理热灰和煤渣，所以这种采暖方式可能会带来意想不到的危险。为防止热量从炉子传到下面或周围的可燃材料上，许多国家的大楼管理制度都提出了相关的结构设计标准。另外，这种采暖设备应该安装围栏或其他防护设备，以防止热燃料从栅格或燃烧间崩出来。如果没有足够密实的防护网防止火星从固体燃料中溅出来，这种开放的火源就必须有人看管。有些木材和固体燃料燃烧时会溅射出热颗粒，这些热颗粒会落到地毯上、家具上和附近站着或坐着的人身上。如果家里有老人、孩子或宠物更要格外小心，要在壁炉两边安装防护设施以确保安全，而且防护设施必须安装在结实安全的屋顶上。

晚上，C女士和妹妹出门之前点燃了客厅壁炉里的圆木和固体燃料块，以便回来时屋内能够暖和。炉膛栅格是中心格类型的，不能阻止无烟燃料的热灰落下。壁炉前既没有围挡，也没有防护设施。客厅铺着0.75 inch厚的方形带纹线的地板，上面铺着羊毛地毯和垫子。家具有躺椅、台灯、CD播放器，并且CD播放器被放在了地毯上。台灯和CD播放器都接着电源，CD播放机还处于待机状态。

大约5 h后C女士才回来，回到家她发现客厅的地板完全被烧毁了。火似乎是从地面烧起来的，而且只是把房子里面的东西烧毁了，房子周围完好无损。壁炉、台灯和CD播放器上方厚厚的石膏天花板已经被烧毁。虽然楼上地板的托梁和木料已经被严重烧焦，但是在火蔓延到楼上之前就被发现了。从现场证据看，火不是电器引起的，地板下面没有电线，也没有任何电器故障的证据；插座下面的导线完好无损，只是在残留物中发现了未烧完的CD播放器，这表明电器是被外面的火引燃的。只有一块地毯下面的地板没有烧到，其他地方的地板都被烧成了碎片，地毯的背面也都炭化了。

没有证据表明是其他原因引起的火灾，很可能是一直闷烧而没有发展成明火。最可能的起火原因是，无烟燃料的余烬或者木材从没有围栏的开放壁炉栅格上掉下来，引燃了地毯和地板。无烟燃料是袋装销售的，包装上还有警告应在材料燃烧时放置防火围栏。

　　放在明火附近的轻质纺织品，引起火灾的可能性有多大，下面两个涉及儿童的案例可以说明。在第一个案例中，一个 3 岁的小女孩因火引燃了衣服而被烧伤。她在爷爷奶奶家时，穿着轻质聚酯棉外套走到了没有防护的火炉附近，衣服从后面烧着了。虽然爷爷奶奶很快就把火扑灭了，但是小女孩的大腿和后背还是被严重烧伤。这件事发生在爱尔兰，小女孩穿的衣服是英国一家爱尔兰零售商生产的。这款衣服现在不能满足两个国家对内衣规定的要求，测试方法为 BS 5438:1989[5]。在本案中，虽然爱尔兰法院认为责任在于祖父母，因他们疏忽大意未能提供必要的防护，但是厂家和零售商也有责任。有人认为，虽然儿童日间穿的衣服没有管理性能要求，但是这款衣服非常易燃，达不到睡衣的标准，为谨慎起见，生产者应该贴上防火警告标签。在第二个案例中，受伤的是一个 10 岁的男孩。当时男孩一个人在家，母亲到不远处去接外祖母的电话。男孩家的客厅中等大小，他坐在地板上玩着游戏，背对着没有防护的烧无烟燃料的壁炉，燃料是装袋的，上面印着使用安全警示。男孩穿着英国顶级运动服制造商生产的 Premier League 足球队的汗衫，汗衫为 100% 聚酯针织织物，上面有类似需要遵守内衣规定的警示标识。同时，用 BS 5438: 1989[5] 介绍的方法测试同样的四件标准样品（因为没有足够织物进行确定性实验），均符合睡衣规定。就在男孩玩游戏时，一块烧着的燃料崩出的火星，落到男孩的衣服上并起了火。虽然男孩很快脱掉了汗衫，听到烟雾报警赶来的邻居迅速采取了正确的灭火措施，但男孩的后背和手臂还是被严重烧伤，不得不住了四个半月的医院，其中在重症病房住了一个星期。这个案例说明，如果公众没有接受相关教育并遵守产品标牌上的规定，厂家和零售商在衣服上贴的安全警示是不起作用的。

以上三个案例中有两个涉及无烟燃料，这在一定程度上是巧合，损失和伤害是材料被点燃后引起的明火或闷烧造成的。但是，自20世纪90年代早期都柏林就禁止使用无烟煤了，因此开放壁炉的燃料换成了石油焦，这导致许多老房子失火。目前能够生产的用于家庭壁炉的无烟燃料的热值，比焦炭更高。根据1991年《工业研究和标准法案》（Industrial Research and Standards Order）第44节（石油焦和其他固体燃料），无烟燃料不符合爱尔兰的法律规定，因其在燃烧时能产生更高的温度，辐射更多的热量。而老房子里设计的煤火灶台只能承受较低的温度，因此，有的灶台被烧裂，有的灶台的木底结构因热辐射被烘干或者裂解。《工业研究和标准法案》颁布2年内，18世纪中后期建造的房子中就发生了12起与使用这些产品有关的火灾，这些火灾由私人报到了工业研究和标准委员会。下面就介绍一起与之相关的火灾事故。

这起火灾发生在一栋建造于18世纪的楼房内，起火地点在阳台上，这栋楼共有四层，还带有地下室。这栋楼和周围的建筑在20世纪早期被改造成了公寓，里面有供单人居住的房间。火灾影响了另外两层公寓，一层是楼上，另一层是楼下。虽然房子受到了火灾的影响，但里面的壁炉还在使用。这些壁炉很小，带有与耐火黏土配合使用的铸铁烟囱。灶台下面的水泥板是增强的，厚度达2.5~3 inch。烟囱放在下面的墙上，向前伸到了一个圆木形成的盒子里，盒子固定在灶台两边的托梁上。

勘查人员检查了地板空隙中的电线，虽然电线被火烧坏了，但并不是起火的原因。勘验结果表明，楼下天花板上的灯是从外面烧坏的，虽然通向屋内导线的绝缘层已经被烧坏，但是铜导体没有被烧到。天花板灯座内的接口完好无损，导线绝缘层也没有被烧毁。

这场火灾的起火点是楼上灶台旁边的圆木。壁炉右边砖石结构灶台上的圆木和托梁被烧焦了，火沿着支撑灶台的第二个托梁的盒子向前蔓延，在地板上沿两个托梁继续向外蔓延，以至于壁炉右边的托梁很快就烧成灰烬。不远处的第二个托梁也被烧焦，倒在了原地。因为楼下的天花板，火才没有蔓延。楼下的天花板是两种带石膏覆面的石膏板，可以经受半个小时的火烧。即使楼上的支撑圆木烧成了灰烬，楼下的天花板也能保持完好，因此减少了向楼上提供氧气的量。起火房间厚厚的地毯也起到了隔绝空气的作用，降低了火势的蔓延。直到火被扑灭，也没有蔓延到壁炉附近。有两个住在公寓里的人都不知道起火了，因为起初产生的烟都从烟道出去了。最终火是从壁炉旁的地板蔓延开来的，很可能是因为烧焦的圆木坍塌后地板上有了空气进入灶台的空洞。壁炉旁墙面上的羽毛状烟灰是两个起火房间内唯一的烟痕。大多数残留物都在原地，后来被消防队破坏了。

蜡烛

如果把蜡烛放在金属盒内，再盖上玻璃或者塑料罩，一般认为引起火灾的可能性不大。以前，在病房中，扁平的蜡烛被放在轻质钢杯中当作夜灯用。那时，蜡烛被放在一小碟水中，再盖上盖子或用宽大的玻璃防护罩罩上。同样的蜡烛，如果被放在小玻璃碗里，就成了宗教的还愿灯。现在，蜡烛最流行的用途是家庭装饰，而且这种用途还在不断增加。但是，许多人不知道，看上去很安全的蜡烛，很可能成为引起火灾的起火点。夜灯或茶灯的金属杯中全是蜡油，中间是灯芯，灯芯被拴在蜡烛的底部。蜡烛燃烧时，外边的金属杯会发热。厂家警告，不要把这种蜡烛当作夜灯放在受热容易损坏的物体上，而是要放在耐热的底座上，没人时最好放在有水的碟子中。

在一起疑似夜灯造成火灾的案件中，据调查，蜡烛没有放在耐热底座上，而是放在电视机上，并且没有采取任何保护措施，外面还罩着聚乙烯圣诞装饰。装饰是圣诞树形状，带有发光的小孔。装饰设计与夜灯很配套，小孔可以透出烛光。夜灯上的圣诞装饰有助于聚热，当然也很容易引起火灾。全家离开时，蜡烛还在燃烧。火灾由夜灯的热底座引起，底座将电视机顶部熔化，燃烧的蜡烛掉到电视机内，点燃了可燃的塑料材料。

在另一起案件中，火灾也是由蜡烛点燃电视机引起的。当时，带有塑料外壳的新电视机被放在起居室木橱柜的顶部，并且通过插座连在了带 5 A 保险丝的室内电源上，但是电源的开关是关着的。大约凌晨 3: 30，一个孩子醒来，发现房间到处是烟，她感到有点呼吸困难，还听到警报声，于是立即叫醒了家人。虽然这时房子里浓烟密布，什么也看不清，但是所有人都安全地离开了。

通过对电视机的检查，发现虽然很多元件裂开了，大多数都浸泡在熔化的外壳塑料中，但这些部件基本没有受到损坏，这说明火是从外面开始的，从上到下烧到了电视机的后部。显像管已经破碎，电视机后部的铝质部分已经熔化。一些元件虽然覆盖着烟灰和熔化的外壳塑料但基本完好，不过还有一些原件在闷烧，因此房子里到处都是烟。一台带磁带录音功能的收音机被烧得并不严重，顶上放着两个电器的橱柜被完整无损地保存了下来。发生火灾的那天夜里，这家将燃烧的蜡烛放在了电视机顶上。现场调查显示，蜡烛的热底座熔化了电视机的塑料外壳，夜灯掉到电视机内，烧毁了电视机的内部。

对于较大的蜡烛，灯芯需要不断修整，以免产生危险。如果不及时修整，灯芯可能弯曲，接触到熔化的蜡油，从而产生双芯效应。这可能造成蜡烛的火焰突然变大，甚至引燃附近的材料。有一名男子，晚上在卧室里点燃蜡烛引起了火灾，最终导致该男子因烟窒息死亡。通过对燃烧模式的调查，发现起火点位于放了纸和杂志的桌子。当天晚上，他借着烛光用手机和女朋友聊天，没熄灭蜡烛就睡着了。一些外面装饰着纸卷或图案的工艺蜡烛，引起火灾的危险性更大。如果不是放在有水的容器中，并且远离可燃材料，人们离开时一定要把这类蜡烛熄灭。蜡烛和火柴不应放在儿童能够够到的范围内。

高温作业

高温作业包括机械切割、研磨、焊接，使用的气体中含有丙烷、丁烷和氧乙炔，这些均为工业操作。高温作业产生的热量足以引燃可燃蒸气，造成作用材料燃烧或闷烧。氧炔焰和氧丙烷设备的高温可以熔化金属，且用于屋顶作业的氧丙烷火炬可以达到1200℃。焊接、切割、研磨设备溅出的火花实际上是熔化的金属液滴被加热到通红，这些火花能够点燃可燃蒸气，造成闷烧，如果在足够热的时候接触软纸、纺织品、塑料泡沫等材料足以引起明火。

对于这些操作，英国和爱尔兰损失预防委员会（Loss Prevention Council，LPC）推荐了保险业行业最规范的做法[7]。美国《工厂工程相互协作手册》提出了与1997年《动火作业损失保护手册》[8]类似的规范。这两个规范详细地介绍了与这些操作相关的危险以及应采取的必要安全措施。下面是LPC规范推荐的一些做法：

1. 地点

1.1 工作开始前，操作地点15 m内不得有可燃材料。

1.2 不得在含有可燃蒸气或可燃粉尘的环境中作业。

2. 一般程序

2.1 只能由培训过的人员作业，或者在这些人的指导下作业。作业时应至少有2人在场。

2.2 隔离区域的可燃地板应该加湿并铺上砂子或者覆盖具有不

可燃材料的保护层。要仔细检查地板和覆盖物的间隙，防止火花落入隐蔽处。

2.3 在隔墙或隔离阻挡的一面，作业前必须检查另一面，确保没有通过直接或间接加热被点燃的危险。

3. 灭火

3.1 至少有一个最低容量 13 L 手持式灭火器，或者有一个消防水龙头，以备失火时使用。工作场所附近还应堆放湿麻袋，供随时使用。

3.2 所有灭火设备应保持处于有效工作状态，放在容易拿到的地方。

3.3 工作期间所有培训灭火器使用的员工应该在场，所有员工应该熟悉房内报警的方法。

两个规范都建议使用"动火作业许可"系统，确保工作之前所有推荐的措施已经准备好。这些规范指出，不管作业量是大是小，所有动火作业都必须采取相同的措施。除了推荐的做法，还必须有保险保证废料的管理和可燃液体的操作。下面的事故说明哪些类型的事故是因为不采取必要的防范措施而引起的。

一家地方小型家具厂专门生产酒吧和餐馆家具，其主要业务是：买进金属、圆木框架，用机器加工木材和金属成品；油漆成品，装饰面板和泡沫，织物装饰；建造小型圆木框架。主要机械工具都被放在细木工车间。电刨、带锯、平板锯等固定的机械都在单独的加工区，其中角磨机和剀刨是手持动力工具，在这里还进行装饰、油漆、喷漆作业。加工区前面是滑动门，门后是圆木和封闭的喷漆房，其中圆木放在左边的钢架上，喷漆房在右边。喷漆房用钢板建造，带有向外排气系统。主压缩机在大楼外单独放置，大楼前有一个小办公室。

离大楼很远的仓库里的材料含有可燃液体和蒸气，包括黏合剂、清漆和其他木加工产品，每天用量不大。火灾发生时，喷漆房里有五六个容量 5 L 的漆罐，但都只剩下半罐漆，还有几罐用于油漆钢架的一般底漆。机械工具和刨子产生的刨花、木屑和灰尘、装饰泡沫和织物废料，全堆积在这里。通常做法是，作业时，只要废料产生就倒到垃圾桶里。但是，火灾发生时，机器周围堆了少量新产生的锯屑刨花，因为大楼外面的垃圾桶已经满了，而垃圾桶要到周末才倾倒。

发生火灾的那天上午，天气很暖和，因此许多工人在加工区开阔的走道上工作。当时没有使用喷漆房，有两个工人正在喷漆房外面用清漆（盛放在容量为 2 gal 的容器中）清洗管状椅子框架，以便第二次上漆。还有一个工人正在用角磨机清除另一台椅架上的锈迹和裂片，角磨机像平常一样抛出了明亮的金属火星。工头儿看到金属火星引燃了地上的一小片锯屑，并且火正在向使用清漆的工人方向蔓延，于是大叫着让工人离开，自己则试图用灭火器灭火，但不管用，火最终还是蔓延到了油漆和喷漆房。消防队到达之后却发现没有足够的水用来灭火，原因是这家工厂地处乡村。在大楼被烧毁之前，人们只能从办公室里抢出一些办公设备和文件。

通过对现场残留物的检查，发现只有机械附近堆了一层锯屑，在温暖、干燥的环境下，这些材料可能早就变成易燃物了。现场人员说的，跟检查结果一致。清漆虽然是易燃液体，但是其闪点为38℃，这意味着即使在温暖的环境下使用，清漆也是稳定、安全的。虽然在正常情况下使用清漆不会出现大的危险，但是如果现场有火源，那清漆无疑会起到助燃的作用。很明显，这家工厂没有重视对含有易挥发溶剂、在常温下易燃的喷漆的管理。幸运的是，火灾发生时，仓库内的容器是安全的，喷漆房的喷漆数量也不多。在任何有可燃液体存在的环境中，一旦起火，清漆肯定会起到助燃的作用。

虽然现场有灭火器，即使火刚燃烧的时候被扑灭，但之后也会很快复燃。灭火器的主要作用只是将火挡在一个角落里，让人有足够的时间来逃生。在商品房中，如果圆木和其他可燃材料失火就会产生很大的火势，因此要想保证安全必须安装消防水龙头。在一些乡村，自来水压力低，甚至没有大的自来水管，严重阻碍了救火。导致这场火灾的原因是使用角磨机，因为正常操作时产生的火星接触了锯屑和挥发性液体等可燃材料。如果该工厂遵守"15 m 规则"，这起火灾也许就不会发生了。

切割、焊接的时候也会发生同样的危险，因为热金属颗粒会溅到附近的物体上。一方面，如果操作者能够意识到焊接会引起火灾，就会清理掉周围的可燃材料，因为这种设备需要经过培训才能使用。另一方面，操作角磨机的工人虽然经过了专业技能培训，但是往往没有经过火灾安全培训。

操作气体设备时也应该非常小心，但是有时候没有经过培训的人也会操作。氧炔焰会产生很高的温度，显然是一种危险的火源，如果氧气和乙炔设备操作不当就会引起火灾。例如，一处工业用房在装修时就发生了火灾。在该案例中，电源被切断之后承包商才用氧气和丙烷切割设备切除大楼管道，主要是切除从墙里伸出的中心供热钢管，其中有一部分管道与木质墙裙或其他木板相连。

星期六早晨，两个施工人员加班切除走廊的管道。他们切割的多根管道中，有一根固定在墙上，并从橱柜下面的纸板中伸出来。作业的时候，一个人用气体火焰切割管道，另一个人用容器向管道洒水以冷却切割端。完成所有的工作后，他们就离开了。负责人说，离开前他们检查了走廊，没有看到烟痕。2 h 后就发生了火灾，起火的地方就是他们作业过的那栋房子的屋顶。

　　调查显示，起火点是橱柜下部管道的切割处。管道被切割的一端，橱柜底部全部被烧毁，火顺着橱柜边和附近地上、门框上的圆木蔓延到房顶木板。之后覆盖在房顶的可燃矿物——毛毡将火引到了其他室内，这才导致火势难以控制。当检查该承包商其他现场的切割作业时，检查人员注意到切割中产生的大量热量被传到了附近物体上。在一个切割现场，木质墙裙的后面明显发生了严重的闷烧，只是由于没有可燃材料才没有起火，但是墙裙已明显变色了。管道切割后的冷却措施明显不足，工人也承认离开走廊后没有按照规定巡视一个小时，以防起火。如果工人按照规定在现场待够一个小时，起火之后就不可能毫无察觉。

　　近些年，在屋顶防水方面，流行一种叫"自粘毛毡"的矿物产品，在很多地方甚至代替了液体油毡。自粘毛毡下面有一层沥青，规格为 1 m×10 m，成卷销售。使用的时候，首先将毛毡切割成合适的长度，然后用丙烷气体火焰烤化背面的沥青，再用碌子将毡条粘到屋顶上。理论上说，沥青涂层只要软化足够的时间，毡条边就能牢固地粘到载体上。但在实践中，沿屋顶边缘铺好毛毡之后，通常需要再用火烤，特别是角上、靠近屋顶斜面的交叉层以及靠墙的砖缝处，以确保黏附牢固。因为已经有部分毡条黏附到房顶上，当用火烤的时候，火焰不仅可能接触到房顶的木板，也可能接触到圆木、毛毡，还可能接触到缝隙或者附近屋顶堆积的灰尘、树叶和其他残留物，这样操作非常危险。从使用自粘毛毡以来产生了很多火灾，以至于现在保险公司都不愿意投保。虽然一些安装毛毡的人声称丙烷火焰没有接触房顶表面，但是调查中却在圆木上发现了火焰的痕迹。下面的案例可以说明，使用丙烷火焰铺设房顶时发生火灾有多大的可能性。

　　第一个案例涉及大的分隔层、带有单层和多层单元的楼房。在两层的楼房中，有部分屋顶高度是不一样的，主要是主卧室两个屋顶上面的平顶区。主屋顶以常规方式盖着矿物毛毡，用钉子加固，矿物毛毡下面是圆木板屋顶，上面刷了沥青防水层。起火那天，承包商正在用自粘毛毡更换平顶区的旧毛毡。作业从房顶的外层开始，毛毡铺在向主房顶斜坡上的重叠层。正当工人用气体火焰熔化新毛毡背面的沥青时，瓦片下旧毛毡的边缘突然起火，因为起火点离工人较远，所以无法控制。新毛毡覆盖的圆木板没有被烧到，而瓦下面的旧毛毡则全被烧毁，许多屋架也被毁坏了。

第二个案例是在向房子平顶延伸部分加毛毡时引燃了下面的自粘毛毡。该案例的起火点是一个小角落，这栋房子阳台的屋顶向后延伸，与屋檐齐平，并且离主建筑很近，和左右邻近的房子成直角连接在一起。房子是用砖建造的，房顶铺着天然岩片，延伸部分的纤维板上铺着矿物毛毡。平顶房顶和主房顶下面的面板边缘都包着毛毡，这些毛毡边缘被当作密封防水条。为了更牢固地粘住房顶的毛毡，必须在靠近房顶的地方用火烤。在这种情况下，要想获得良好的防水性能，是一项艰巨的任务，这就导致工人在施工的时候根本看不清火有没有烧到下面的圆木。这个阶段的施工是非常危险的，因为毛毡下面的圆木很可能因过度加热而产生闷烧。

在上面的这个案例中，火灾就是由毛毡下面的圆木起火造成的，一开始火只是沿圆木闷烧，后来蔓延到主房顶岩片下面，之后蔓延到附近的房屋，最后从两所房子的屋顶向上、向外迅速蔓延。房子的阳台是老式的，界墙最终成了让火能够蔓延到两边房子的通道，直到失去控制。

这种火一般不易发现，往往直到火失去控制，操作人员才知道起火了。刚起火的时候，烟可能隐藏在屋顶的缝隙处，然后持续闷烧一个小时甚至数个小时，直到火势发展到足以在外面能够看到。

机械故障

机械如果出现故障，活动部件的摩擦力就会变大，部件也会变得过热，从而可能发生火灾。不管是工业用的机械，还是家庭用的机械，都必须遵守安全操作规程，定期检修和维护保养。使用的时候，一旦机械出现异响和气味，应立即关闭。如果有下面案例中所描述的情况，应安装火灾探测器和隔离系统。

第一个案例中的火灾发生在一家小型包装厂，该厂生产饮料行业用的塑料瓶，是按需建造的，包括生产区和仓储区两部分。建筑主体是钢框架支撑钢板做成的，水泥做了增强，外表用 PVC 装饰。生产区和仓储区虽然是分开的，但隔离层并不防火。聚酯纤维的半成品，就是带有螺纹口的厚塑料瓶，首先被输送到特殊成模机预先加热、拉伸，最后用低压压缩空气压成成品的形状。这个过程是自动的，24 h 三班倒。原材料和成品都堆放在仓库和院子里。

向塑料制模机供应压缩氧气的压缩机被安放在仓库里，它就在连接门标志的里边，离生产区很近。该厂选择了特殊型号的压缩机，可以 24 h 连续工作，产生带温度的空气副产品。这种类型的压缩机带有空气压缩机和冷却泵，它们都是由一台电机通过传送带带动的。冷却液通过散热器循环，散热器用风扇吹动空气将热量带走。这种压缩机能够同时向 7 台制模机供气。为了安全，压缩机被钢顶、边板和笼子围了起来。

起火的时候，压缩机大约使用了两年，每 6 个月检修一次。由于 2 月已经做过了检修，服务公司的代表打电话预订了 10 月中旬的检修服务。由于工厂此时正在运转，因此没进行检修，但已经预订了正常的检修。需要注意的是，此时皮带需要更换。一周后夜班倒班时，一台制模机在运行，压缩机在自动控制下供应生产过程需要的低压空气，机器看上去没有任何异常，指示灯工作正常，没有闪烁，也没有变暗。但是，值班经理却发现仓库里冒出了烟。打开门后，他看见黑烟是从空气压缩机的方位冒出来的，还看到空气出口有火，而且火苗离皮带、电扇和散热器很近。值班经理派领班去报警，自己想用灭火器控制火情，但是火势很快就蔓延到堆放在仓库的货物上。眼看火势控制不住，值班经理疏散了正在工作的工人，并且在离开前关闭了主电源。

当第一批消防员到达现场时，火势已经蔓延到了地面上，最终整个工厂被烧毁。

检查空气压缩机控制面板发现，所有绝缘材料和印刷电路板都烧成了灰，但是没有证据表明是由于过热造成的。其他电器都没有发现有故障，所有终端设备也都牢牢地固定在原地。有证据显示，断电后火蔓延到了控制面板。

所有的传送带都烧毁了。制冷泵前面的铝铸件熔化，溶液滴到了皮带轮的下面。铝质的电扇叶片和散热件也熔化了。压缩机停止运行后，顶部铝铸件的溶液滴到了低处的皮带轮上。皮带附近冷却系统的管道，大部分都散开了，说明这个地方很热，已经熔化了密封连接件。控制面板左边的密封连接件，大多数保持完好，说明这个地方的温度较低。电极绕组和泵壳内部保持完好，说明火不是由电极或泵故障引起的。

目击证人、现场证据和燃烧模式都表明，火是从压缩单元前面的皮带区燃起的。皮带应该是突然被刮住，从而导致撕裂和摩擦，撕裂和摩擦产生的热量使皮带中的织物迅速燃烧起来。由于只是机器发生了故障，而电源是正常的，所以机器部件又运行了很长时间，这就使火灾能够不断蔓延，最后引燃了附近的其他可燃物。虽然已经知道下次维修时就需要更换传送带，但是用户和供应商一直在按正常时间间隔来维护，因此并不能说明皮带故障是起火的原因。

但是，这家工厂的安全措施没有做到位，没有足够的火灾警示设备，以至于起了火都没有被检测到。虽然工厂采取了措施对压缩机进行保护，但也只是免于码垛车的碰撞，而无法与仓库里面的货物隔离开，因此火很快就蔓延到了塑料和附近堆积的纸板上。由于厂房的开放式结构，火无法被限制在起火的房间，很短的时间内就蔓延到了生产层。如果储存区和生产区之间有防火墙，火就可能被限制在一定的区域内，从而避免遭受全部损失。

第二起火灾是家中使用了 17 年的抽油烟机引起的。女主人做好饭后就关掉了炉子，但是为了保持厨房空气的洁净，就没有关抽油烟机。没多久，她就听到厨房有吱吱和冒泡的声音，就像开锅一样。起初她没有找到声音的来源，不久她就看到抽油烟机背后滤网有火苗，但已经记不清那时候是否看见烟了。她马上让家人到邻居家打电话叫消防队，自己则试图用毯子裹住抽油烟机以控制火情，并切断了电源、关上了厨房的门窗。火势越来越大，她让家人离开房子，自己则将家里的毯子和另一条邻居拿来的毯子盖到抽油烟机上。烟越来越浓，她也不得不离开了厨房。她离开房子时，火已经蔓延到了门上。消防队到达后迅速将火扑灭。虽然到处都是烟，但是火始终被控制在抽油烟机附近。

抽油烟机带有风扇和电机，全都被固定在轻钢盒子里。电扇下面装着可拆卸的一次性聚酯滤网，做饭的油烟经过滤网过滤后，通过连在电扇盒后面接口上的管子吹出去。一周前，滤网刚换过。滤网的作用是收集油脂和灰尘，防止这些东西落到风扇上。

对抽油烟机的检查显示，内部已经被烧毁，电扇叶轮（可能是塑料的）已经熔化，溶液滴到了过滤器的垫子上。抽油烟机的顶部已经变形，说明火是从抽油烟机内部烧起来的。通过比较，发现着火的唯一部件就在电扇出口的下面，燃烧的材料曾经从电扇里落下来，因为燃烧区周围有一圈熔化的材料。除此之外，过滤器的其他部分，不仅完好无损，而且还非常干净，这说明火不是过滤器、烤炉或者烤炉上燃烧的食物引起的。抽油烟机通向出口的 PVC 软管内有烟痕，说明着火后抽油烟机还工作了一段时间，也就是刚起火的时候电扇和管道还在排烟。这说明火灾不是机械原因造成的，而是电路引起的。

被询问的时候，女主人回忆说，因为听见抽油烟机的风扇有异响，所以就开关了几次，以为清洁一下就能解决问题。打开抽油烟机时，她也感觉到风扇似乎有问题，但是认为不会造成严重的后果，就继续使用了。电机最终因为过热点燃了里面的绝缘材料和其他塑料，但一直运转到火烧断电源。这个抽油烟机虽然已经非常旧了，但因为设计良好、坚固耐用，从来没有维修过，一直使用到报废。这个事件说明，在家中使用电器时如果出现异常声音或气味，就要提高警惕。虽然这位女主人在等候消防队时成功地控制住了火势，但是火势在不断蔓延，她没有必要冒着生命危险单独留在厨房，正确的做法应该是带领家人逃生。

在本节的第三个案例中，设计缺陷导致在自动化生产过程发生了火灾。发生火灾的这家小工厂主要是生产工业定制模具，虽然起火的只是一台火花蚀刻模具机，但是产生的浓烟和热量还是导致损失了最近几周生产的产品。

火花蚀刻模具机的工作原理是：用电极对目标（一般都含钢）的空白处进行一系列电火花放电，在火花蚀刻钢的表面形成程序设定的凹痕。这个过程为机器自动操作，预先设定的任务完成后才会停下来。火花放电的时候必然会产生很高的温度，要想把温度控制好，就要把放电产生的高温放到合适的液体中。本案中液体为高沸点电介质（电的非导体）。火花蚀刻过程抛出的金属颗粒，必须从工作面上除去，然后再过滤液体。通过冷却和过滤设备，液体得到循环使用以便喷流不断冲洗目标和电极，因此安装了下列三个组件：

1. 加工单元，含有模具头，带电极和冷却液工作罐，安装在校正过的可移动平台上。

2. 电介液单元，带有冷却、过滤和泵机制，通过罐子控制液体温度、组成和流速。

3. 生产单元，带有控制和监视系统。

这个过程中使用的电介质冷却液为石油烃，其具有下列性质：密度，0.8 g/cm³（比水轻）；蒸馏范围，205℃~260℃；闪点，80℃。

这是一种使用范围很广的电介质冷却液，在正常条件下是很安全的，没有其他不可燃电介质（如 PCB）对健康和环境的影响。这种冷却液用于工业冷却剂的原因主要有：

1. 蒸馏温度高。使用敞口罐无挥发。

2. 闪点高。通过冷却机制循环，其温度远远低于临界值。但有一个前提，即罐子内的液体始终保持在合适的液位。

3. 绝缘性质。这种液体不导电。

加工操作开始后，手动将工作罐内的液位调节到合适的起始位置，同时机器会自动将模具头调节到合适的起始位置。电介质的液位深度应该距工作面 25~50 mm，液位可通过手动调节滑板高度来设置，这就可以控制回流的溢流。调节滑板高度可通过向上拉一根杆子完成，将平板向上拉到液面处于想要的水平，同时将另一根杆子用螺丝固定在另一个位置上，然后将液体从电介质单元抽到罐子中，直到在滑板上达到溢流水平。

浮动开关连着滑动平板，监测液面相对于平板顶部的高度。在火花蚀刻操作过程中，液体通过连在罐子顶部进口阀上的软管被抽进来，经过电解质单元冷却和过滤过程循环。如果液体水平下降到滑动平板顶部以下，浮动开关就会启动关掉机器。

发生火灾的那天晚上，员工是 17: 00 离开的，当时火花蚀刻机被设置在自动挡，定于 23: 30 完成操作。但是，22: 45 安全人员发现车间起火。消防队员到达现场前，工厂大部分区域都没有起火，至少暂时是安全的。

检查表明，火是从火花蚀刻机开始的，起火范围也仅限于蚀刻机及其周围。这说明是罐子内的液体表面着火了。机械区域损毁严重，但也有证据显示火不是由电器上面的布线故障引起的。没有证据显示火是由电弧引起的，因为不管什么情况下电弧故障产生的热量都很少，只要操作正确，电弧产生的温度就不足以引燃罐内液体。冷却机构故障会造成机器停滞，所以火不可能是冷却机构故障引起的。那么，唯一的可能就是电极和目标工件之间产生了放电，而在不触发切断机构的前提下，液面高度正好处于火花放电的范围。

理论上来说，如果液体不是处于预先设定的高度，浮动开关关闭应该能起到保护机器的作用。但是，因为浮动开关连着溢流控制板，开关监测的液面高度实际上和平板顶部的位置有关，而与工作面无关。我们发现，连接滑动平板的设备设定位置的只是一个简单的螺丝压着位置杆，没有监测平板相对于工作面位置的机构。螺丝的松动、磨损或不够紧以及机器振动，可能明显使杆子和平板向下滑，反过来又通过溢流流向下水道。连到平板上的滑动开关以同样的速度向下移动，所以下降的液面高度没有被检测到，浮动开关没有起动。这就使液面高度被带到放电高度，从而导致冷却液起火。因此，监测罐中冷却液高度和保持其高度的方法不独立、不够可靠，才导致了这场火灾。

电器过热

电流通过导体会产生热，因此必须制定安全散热规定。电器要带散热片或出风孔，并张贴不得覆盖或阻挡的警示。但是，很少有人认识到，在某些情况下，即使是正常使用，如果长时间使用插座、插头、保险丝和灯座，它们就可能变得很热，从而导致火灾。当这些东西和木材或木产品接触时更容易起火，因为木材产生闷烧的温度比电器塑料起火的温度要低。如果电机、泵、加热器件同时运行，那么引起火灾的可能性就更大。例如，如果同时使用衣服干燥机和洗碗机，由于电流相对较大（有些情况下接近 12 A），用于连接内置洗碗机和衣服干燥机的插座和插头就特别危险，这些插座和插头往往安装在厨房操作台下面或电器后面，比较隐蔽。这是因为 13 A 保险丝的平板插头会同时接入许多同类电器，但是如果和插头接触不太好，导致产生发热点，最终会损坏插头或者插座绝缘层，从而引发严重的火灾。另外，如果接触面采用的是可燃材料，热的插座就可能引燃接触面。插座如果很热，就会使木材焦化，而且会比塑料受热燃烧要快得多。这些事件可能不会引起保险丝断裂、触发小型断路器（Miniature Circuit Breaker, MCB）或漏电保护装置（Rated earth leakage Cut-out Device, RCD），因为还在正常的电流负荷下，并没有造成短路。

异常气味引起了家中女主人的警觉，她赶忙查看厨房最近安装的洗碗机的电线连接，发现在保险丝上方的 13 A 保险丝三头插头颜色发生了变化，插入端插座的表面颜色也发生了变化。虽更换了新的插头和插座，但是不到三个月又闻到了异常气味。同样，新更换的插头颜色也发生了变化，过高的温度从插头的电极沿保险丝蔓延到花线中的导线，还影响到插座的插孔以及相关的线路，靠近保险丝的插头部分、电极以及插座部分都烧焦了。很明显，如果没有被发现，这种情况很可能导致火灾。在这种情况下，更换插头和插座的连接方式，通过工作台上方的隔离开关，连接到安全分线盒上。通过这种方式，在设计的使用期限内，电器就可以安全、正常使用了。

烧焦的脲醛塑料，气味很像烂鱼，一般来说这是插头和插座过热的最早表现。如果机器被装在杂物间等地方，女主人很可能就不会注意到。例如，在一个装修很现代的家庭中就发生过这样一起火灾，起火地点是杂物间。装修的时候，杂物间被装修为洗衣房，带有洗脸盆、洗衣机和滚筒干燥机。滚筒干燥机已经使用多年，而洗衣机只使用了两个月。两种电器都安装在操作台下，都插在工作台后面的双孔插座上。要想从电源上拔下电器检查插头和插座，必须先将电器从操作台下面拖出来。

发生火灾的那天早上，女主人在出门之前打开了洗衣机和滚筒干燥机，让它们自动完成洗衣干燥的工作。大约 2 h 后，女主人回来，一进门，她就听到厨房里有吱吱和爆裂的声音，就像木材在燃烧。然后，她听见杂物间砰地响了一声，进去一看，发现洗衣机和干燥机上方操作台后的墙面上蹿出了火苗。她立刻按下了警报，但火很快就蔓延到了杂物间的房顶。对残留物的检查发现，洗衣机和干燥机后面的操作台完全被烧毁，两台电器还相对完好，显然火不是从电器开始的。双孔插座不是直接安装在墙上的，而是安装在面板上，面板形成建筑物后部单元。提取了连接还很牢固的电线后部单元残留物，发现除了金属部件外，双孔插座和插头全部被烧毁。

现代做法是在电器旁的橱柜里为嵌入式家用电器安装插座，但是许多老式的安装方式还在使用。将放在工作台下面的嵌入式洗衣机、洗碗机和滚筒干燥机连接到工作台上面的独立开关上，并配备警示灯。连接可以通过安装在工作台下的配电盒，以便维修和更换时容易拔下，这样可以避免插头和插座一直连在一起，从而减少这类电器过热和引起火灾的危险。

如果不注意在嵌入式的灯背后和最近的木材之间留有足够的空间，那么嵌入式灯也有可能引起火灾。家庭装修在安装低压系统时，很多装修人员甚至不知道要留下足够的空间和通风系统，而且现在还能到处看到这样低劣的安装方式。

有一个旧宾馆要重新装修，目的是增加一个新的会议室和一个酒会侧翼。装修的设计非常现代，上面是带有悬挂的矿物天花板，为了美观，还安装了低压嵌入式灯光系统。每一盏灯都配有插入式连接的变压器，悬挂的天花板上面还有接线和变压器。新的侧翼从原来的单层前厅主入口进入，前厅的房顶是平的，包括放在 120 mm × 50 mm 上部圆木托梁，180 mm × 50 mm 下部圆木托梁上的胶合板（带一些 RSJ）。房顶和下面的圆木之间放有玻璃纤维隔热毛毡，上面钉着双层石膏板天花板，天花板和玻璃纤维隔热层之间最多有 180 mm 的空隙间隔。

新的侧翼已经完成，需要在前厅天花板上安装相匹配的吸顶灯。按照固定间隔在现在的天花板上切出孔洞，与新侧翼走廊上一排排的灯连在一起。新的布线和变压器放在玻璃纤维垫和天花板之间，向下的灯放入准备好的孔洞内，在灯孔内将灯用夹子固定。前厅几乎一直需要照明，每天 24 h 开灯，这些灯通过附近接待台上的开关成批控制。

几个月后的一天，一位值班经理注意到入口附近的几个吸顶灯没有亮，检查了开关，发现开关开着。接下来，她听到了滴水的声音，于是派一位女员工去检查一下是否有漏水的地方。这位女员工注意到，新侧翼通向宴会厅的入口处有红光在不停地闪烁，然后就在此处闻到了特别的气味，而后就有烟雾从天花板上飘出来。她这才意识到起火了，赶紧通知了值班经理，值班经理马上报了警。消防队到达时，火已经越过前厅屋顶，到了新的侧翼房顶。

值班经理是第一个通过燃烧模式准确地确定起火点的人，即火灾发生在灯的附近，也就是她同事看见火苗的地方。实际上，女员工可能就是通过灯看到的火苗。

通过对这个地方进行检查发现，靠近新侧翼入口的两排灯和天花板交接处的两边是对齐的。插座深深地镶嵌在交接处，和灯座顶部相一致。有一个插座的内部木质表面（没有过火）已经被灯的高温熏黑了，靠灯最近伸出的碎片已经被炭化变黑。

新侧翼的天花板在设计阶段就已经规划好了，是标准化的，通风良好，而前厅的天花板则是后加的，没有标准化。在天花板的木材上凿孔装灯，不仅没有良好的通风环境，而且还可能接触到房顶的木材，这是导致火灾的直接原因。这场火灾不仅导致了财产损失，还造成了宾馆的停业。但是，如果火灾发生在夜里，后果就会更加严重。

自燃

放热反应能够在常温甚至低温下引起相关材料发生物理变化和化学变化。植物和动物材料的氧化非常广泛，但这只是其中的一些类型。

有些情况下，氧化或多或少会从根本上引起直接的化学变化，如金属或脂肪酸中不饱和化学键的氧化。天然的氧化常常比较缓慢，觉察不到温度上升，但是物理和化学作用是比较明显的。金属形成氧化层，纤维素材料颜色变暗、变脆，食用脂肪变苦或变臭。在许多天然氧化过程中，氧化外层会成为剩余部分的保护层。这种保护层在金属中表现为生锈，在木材中表现为风化。

正如已经介绍的，长期接触远低于木材或木产品点燃温度的热水或蒸气管道可能产生焦炭[1]。发生在姐妹宗教社区的一场火灾就说明了这种现象。起火的建筑建造于 19 世纪，13：00 一楼的走廊上出现了烟雾，发现是无人居住的客房起火了。最后在那个房间居住的是一位到访的女士，她住了 2 天，并于火灾前一天 12：00 离开。这位女士离开后，有人打扫了房间并锁上了门。到访的女士和打扫的人都不吸烟。建筑的采暖系统是烧油的，安装至少有 30 年了，使用直径大约 20 mm 的钢管连接大块铸铁散热器。每天 5：00~9：00 及 17：00~21：00 供暖，供暖时锅炉会调到最高温度，水温接近沸点。失火的房间地板是大约 20 mm 厚的美国松木平边木地板，下面用 230 mm × 50 mm 的托梁支撑，地板上面铺着硬纸板和用沉重油毡覆盖着的 PVC。散热器是挨着外墙安装的，用两块 100 mm 的钢支架支撑，用螺丝固定在地板上，固定支架的地方硬纸板和 PVC 被切开。房间只简单地配有床、寄物柜、五斗橱、衣柜和洗脸池，除了开关、天花板中央的灯、门后墙上的单头插座外，没有任何其他电器设备。因为有墙的阻隔，火才没有蔓延到走道上。起火时，房门还是锁着的，窗户也完好无损。可以确定的是，至少在起火前的 1 h 是没有人进入过这个房间的。

看上去火是从散热器一个支架附近的地板开始的，一个离外墙有 2 m 的支架两边的两个托架都被烧毁了，地板离外墙不到 1 m 的地方被烧毁，地板下面从墙向内有 1 m 也被烤焦。外墙后面的硬纸板和 PVC 被烤焦，那里墙裙也被烧毁了（见图 2.1、图 2.2）。

图 2.1　从着火房间下面看对流火

图 2.2　辐射源附近区域对流火

　　在被消防员清理之前，地板覆盖物和地板一直没有被移动。除了完全被烟雾熏黑，房间里的东西都保持完好，说明有明火之前闷烧了很长时间。初看时火灾似乎是由于地板下面的电器损坏引起的，这是非常典型的起火方式。但是唯一通向下面房间天花板上吊灯的电线还完好无损，离被火烧坏地板的任何部分都超过了 1 m。房间的天花板为木板和石膏板，发现火灾时 15 mm 厚的石膏板也完好无损。除认为火灾是长时间热裂解造成的外，难以得到任何其他结论，因为支撑散热器的地板已经用螺丝固定超过 30 年了。

在许多情况下，氧化首先是活的有机体呼吸过程的一部分，然后热量被传到周围其他材料上。在有氧条件下呼吸反应是 d- 葡萄糖按下列一般方程的分步氧化：

$$C_6H_{12}O_6+6O_6 \rightarrow 6CO_2+6H_2O+能量$$

氧化释放的能量推动了有机体的生命过程，即为进一步的化学反应提供能量，也使化学活动和物理活动保持在最佳的温度水平，约为 37℃~38℃。在正常的环境条件下，活的有机体通过内外表面的水分蒸发来维持细胞温度，这个过程需要足够的通风。如果不能通风，细胞温度就会很快上升。超过 40℃，绝大多数绿色植物和多数动物的细胞就会死亡，但是喜温微生物在高达 60℃的温度下还能保持活力和继续生长。在 60℃~70℃，细胞质系统的蛋白质开始凝结，造成细胞的破坏和有机体的死亡，很少有例外。

为了保存收获的材料，人们已经创造了一些方法，以便通过减少储存期间的水分或氧气来减慢生物活性。空气风干用于保存大宗植物材料，如饲料、谷物以及其他种子和果实。通过干燥从有机质中除去的水分占活体重量的 50%~90%。新鲜多叶草水分含量高达 70%~80%，而动物组织水分含量甚至更高。初步处理可以把收获的谷物水分降低到 17%（按重量）。再通过合适的空气温度除去湿度，在筒仓中干燥，可以进一步把水分降低到 10%~15% 的安全水平。干燥不够就会给霉菌、细菌和昆虫繁殖创造适合的条件，导致在后期储存中自热。

干草堆的自燃是研究者多年来感兴趣的课题。割下的草会在储存或打包进场前摊开晒干，并且常常需要再放置一段时间，以保证草细胞中的所有生物活性被杀死。即使水分没有超标，但没有经过充分处理的草呼吸产生的水分，也可能造成霉菌和细菌的繁殖。储存的草再次受潮后会发热，如发生洪水或房子漏雨的时候。产生热气通常是自热的第一征兆，一般发生在储存后 10~90 天。

罗特鲍姆 [9] 认为，干草在自热的过程中，如果有足够的氧气和水分，细菌就可以使温度上升到 70℃。通过放热化学反应，温度还会进一步升高，这取决于氧气和水分的平衡，但是不需要存在之前微生物作用产生的物质。干草如果进一步化学氧化，就会使温度超过 100℃，达到燃烧温度。科里和费斯坦斯坦 [10] 认为，在 70℃~100℃，影响干草自热的物理过程为热平衡、通风换气和水分去除。一般来说，干草堆的中心是缺氧的，受热燃烧往往发生在通向草堆外面的通道上，那里干草干燥并且氧气能够进得来。只有温度超过 100℃，干草才趋于以更快的速度受热。

20 世纪 80 年代早期，青储饲料保存还没有普及，爱尔兰就发生过许多打包干草自燃的实例。现场场景几乎相同：在干燥季节，草似乎足够干的时候被切割打包，草包会放着进一步干燥，以便更好地储存。如果天气不好，打包就会提前，没有干透的草包在储存中就开始发热。检验发现，损坏的干草内嗜热细菌计数通常超过 1×10^6 个 /gm 干重。一段时间的干燥天气之后，干草在 48 h 内被切碎、打包和入库。在这种情况下，因为长时间的暴晒，草的外面很干燥，但是里面的细胞还活着。10 天后的午夜时分，干草着火了，大火不仅烧坏了牲口棚，还烧死了附近马厩中的 4 匹马。

干草的自燃包括淀粉和纤维素及其分解产物的氧化分解，因为非再生植物组织很少含有脂肪。但是，各种种子，包括坚果、谷物，以油脂及淀粉、糖的形式储存能量。油脂主要含有甘油酯的脂类，这种酯通过三个分子的脂肪酸和甘油相连。自然界中主要为混合酯，有两个或三个不同的脂肪酸基团连接到一个甘油分子上。天然油脂中的脂肪酸种类有限，少量脂肪酸是不饱和的，即含有碳碳双键。

罗特鲍姆[9]注意到，在植物材料实验室放热到自燃的实验中，研究者报告含水大豆为101℃、含水小麦为94℃，这些温度都超过了微生物活动产生的温度水平。

不饱和度用碘量或碘值表示，表示物质吸收碘的百分比。不饱和度最高的脂肪酸是花生酸，碘值为333.50，这是含有维生素F、带有四个碳碳双键的人体不可缺少的脂肪酸。这种不饱和酸出现在肝脏、大脑、腺体和脂肪中，也是动物磷脂的成分。亚麻酸含有三个碳碳双键，存在于植物中。亚麻酸的名字来自亚麻籽油，是亚麻籽油的重要成分。亚麻籽油的碘值为175~205，是高度不饱和植物油之一（包括桐油、紫苏油），也叫干性油，氧化时趋于变干变硬，广泛用于腻子、光漆、清漆和油漆。

最常见的多不饱和脂肪酸——亚油酸，是植物油的主要成分，也出现在动物脂肪中。亚油酸分子中含有两个不饱和碳碳双键，是不饱和（半干性）油的特征成分，包括大豆油、玉米油、葵花籽油、葡萄籽油、棉籽油。沙丁鱼、鲱鱼、鳕鱼和鲨鱼的鱼肝油也属于半干性油。油酸分子中含有一个碳碳双键，是牛油的主要成分，也出现在植物油中。含有亚油酸和油酸的脂肪是食物的主要成分，也用作烹调油。含有或污染了半干性油的材料容易自热，特别是包装或储存于高于环境温度的条件下时。杏仁、橄榄核和蓖麻油是非干性油，不饱和键含量很少，不容易自热。

不饱和脂肪酸是很多大宗产品的成分。包括其他生产过程中的植物残留物，被指定可以加入动物饲料（如虾壳、甜菜渣）的动物产品和副产品，如奶粉、鱼饲料、原羊毛等。所有这些都容易自热，除非在保存中水分和温度适当。肉和带骨食物是常见的动物食物，一般在储藏中不会遇到，因为作为疾病预防措施要进行焚烧，但是在废物管理设备中会遇到，特别是在炼油厂。油脂（如动物脂肪）

和废烹调油，常温下为固体，蒸气管加热后存在罐子中，流到带蒸气管的罐内会产生自热。下面的实例说明脂肪酸自燃可能是产生火灾的原因。

这起火灾发生在一栋公寓三层的过道上，并且火很快就蔓延到了楼上的房间。过道门后安装了向不同租户供电的电源单元，每个单元带有电表、保险丝、闸刀开关和其他继电器。带有两扇木门的木质橱窗内安装着6个电表、7个保险丝、几个拖动开关和其他器件。6个保险丝安装在橱窗中间顶部的塑料盒内，保险丝下面装着两排电表，一排4个，另一排2个。闸刀开关放在橱柜的左上部，上面有加热系统计时器。橱窗底部剩余的空间，房主习惯摆放不同材料，起火时主要有纸张、棉布以及放在塑料薄膜上的新鲜腻子。发生火灾11天前，廊道门上的平板玻璃刚被更换，布和腻子被放在了橱窗的右下角。一天下午，有人发现电表橱窗冒烟，就立刻打了火警电话。过火的地方呈扇形，从橱窗右下角到顶部中央，烧到了右侧电表内部。盖在保险丝上的塑料熔化了，剩下的每个单元上面都悬挂着保险丝。木料炭化很均匀，保险丝位置没有集中受热的迹象。没有证据显示是保险丝和其他电器组件引的起火灾，火一直在闷烧，没有明火。闷烧可以追踪到电表橱柜的右下角，那里放过腻子。查看橱柜下部的烧焦材料发现了仍然新鲜的腻子，它们仍然覆盖在塑料薄膜上，周围被烧焦的棉布毛巾残片包围着。大火被扑灭后，检查发现，腻子还在渗透麻油。橱窗的角落里，有足够氧气供氧化进行，但是却没有足够的流动空气扩散氧化产生的热量。这就是典型的自热条件。

下面的事故是由管道保护层引起的火灾。这是一家现代动物饲料厂，主要是将不同成分的混合物加工生产成各种动物食品。配料中包括再生烹调脂肪，其成分中的精炼和净化过的动植物油脂混合物，在室温下呈半固态，而在 50℃处理温度下为液体。烹调脂肪用槽罐运到后，被抽到大的露天储存罐中。填充和排放油脂罐的管道用电加热，但是储罐用围绕容器并保持储罐内容物在 50℃的蒸气管道加热，蒸气由附近的锅炉房产生并用泵打压到储罐的加热管道内。火灾发生前一天，大约在 8：00 装罐，晚班交接班后大多数工人于 22：00 离开，那时储罐处没有任何异常迹象。第二天 4：00，夜班巡视员发现了火灾，他看见储罐下面有烟冒出来，是那里的蒸气管道起火了。他立刻报了火警，并用灭火器控制火情，但火势发展很快，最终造成储罐破裂，燃烧的脂肪蔓延。现场四个储罐受损严重，其中两个脂肪罐有部分坍塌。火还沿主建筑外墙蔓延，通过有机平板玻璃窗蔓延到了室内。

起火处没有安装电器，巡视员不吸烟，火灾发生前也没有其他人在此长时间待过。为了防止渗漏，隔热管道外包着矿物纤维和塑料。注意覆盖材料的维护，是防止隔热管道渗漏最重要的事，但是包裹物看上去已经破损，所以保护的作用降低。再生脂肪含有饱和和不饱和动植物油脂，容易自燃，因此也容易污染隔热纤维。虽然储罐内容物平均保持在 50℃，但是蒸气管道的温度要高得多，以便维持这样的平均温度。当油渗漏造成隔热蒸气管污染，自燃的风险就会很大，这可能是这次火灾的主要原因。

另一起隔热火灾发生在油漆厂废料再生设备上。再生的过程是，加热废料到合适的温度，从油漆残留物中蒸馏清漆，并冷凝收集。废料处理是用还在保护期的专利，被处理的废料放在安装在处理单元后面露天的隔热罐子内。废料通过废料罐内盘旋加热管通入隔离的热烹调油加热。

油加热过程设计在大气压下操作（虽然罐子是在更高的压力下测试的），为了保持大气压，在建筑物外面罐子顶部有个排放管。

导热油为嘉实多 "Perfecto HT5"，也叫烹调油，部分参数指标如下：

闪点 cc	207℃
闪点 oc	227℃
着火点	249℃
点火温度	420℃
沸点	360℃

参数还包括在没有空气下加热，因为在 100℃以上油会迅速被氧化。

根据操作人员的说法，加热过程温度一般在 175℃~220℃，通常大于 185℃，但是远远低于罐子设计的温度 288℃。参数要求在没有空气的情况下加热，可以通过油加热罐满足这一条件，因为除了排风管，整个加热罐都是密闭的。随着温度的升高，液体上方的空间迅速充满蒸气，然后通过放空排出空气。通过蒸发保持正压直到油被再次冷却，因此当油是热的时候可以从罐子内排出空气。实际做法是蒸馏设备运行一次大概需要 5 天，停机维护时需要清理外面油漆泥浆中的填料。再次使用前，用浸没法测量加热罐内的油位。罐子填充距顶部 150~200 mm，保持距填料 200 mm。

净化厂已经连续运行多年没有发生事故，但是就在火灾发生前停工检修了一段时间。净化厂大约在火灾发生前 5 天开工，通过浸没法测定了油位。当温度超过 170℃，加热时正常可以听到罐子内冒泡的声音，同时还可以听到类似脂肪深度煎炸的声音，这是因为这个阶段的油填充物总是比周围的油热，油填充物表面产生了蒸气气泡。在蒸馏操作中，正常会产生溶剂和热油的气味。回收废料的那天，没有发现异常。发生火灾的前一天下午，有个操作工注意到油罐冷却慢了，而且冒泡的声音持续时间比正常时间长。这可能表明，由于油滴漏的影响，罐子用浸没法测温后，已经在一个小区域形成自热，在隔热层产生了热点。但是，对于不知道在这种情况下烹调油自燃易发性的人来说，可能就没有明确的理由怀疑要起火，尤其是当时罐子内的总体温度在继续下降。

大约在加热器件关掉 7 h 后，有人发现罐子外面有火，当时是凌晨 02:00。火焰也从排风管冒出，因为罐子内容物已经蒸干并在接触空气下着火了。虽然连接冷却剂桶和泵之间的电线和管道受到了破坏，但加热油罐之前的桶内的冷却剂并没有起火，事故后检查发现冷却剂桶还是满的。看上去电路也没有被火损坏，因为是从外面安装的，所以没有受到影响的迹象。

起火点有没有可能在受热油罐的内部？大多数烹调油的燃烧极限为空气混合物中蒸气浓度达 1%~8%，不在这个范围内就不可能燃烧。油脂自燃的温度远高于沸点，那样空气会在达到自燃温度前排出罐子。根据热油罐的设计原理，在没有空气的情况下，油加热的条件能够被满足。但是，一旦罐子内的油受到外部明火的影响，就能够在高于维持明火的着火点的温度下蒸干。从排风管出来的蒸气和外面的空气混合，就可能被建筑内的火星点燃。当消防队向罐子上浇水时，内部蒸气因为冷却作用就可能降低压力，导致剩下的油更加剧烈地冒泡（这可以在实验室说明），最终所有的油在排风管内被挥发、烧掉。

博勒姆伍德火灾研究站[11]的研究确定，在受到油污染的情况下，矿物隔热物或其他无机物可能发生自燃。研究还发现，经过开始的诱发期（从数小时到数天不等，其间保温材料的最低温度要保持在100℃以上）后，油的数量就不重要了。如果不能形成明显的炭化，受自热影响的隔热材料数量很少。在没有明显外部其他作用的情况下，自燃一旦开始就会一直持续，只有切断热源才会停止。虽然在起始阶段要想保温就必须做隔热，但是一旦形成热源，环境中的电流就会对其起加强作用。这里介绍的火灾案例中，原来覆盖在罐子盖上的隔热层已经被破坏，只有一部分被更换。很可能在浸没法测温中就发生了少量的渗漏，这才导致了罐子的隔热材料被污染。

在洗衣店，棉织物上来自干燥机或旋转熨斗的温度常常接近水的沸点。正如草堆研究显示，如果纤维素材料堆放温度超过70℃，并伴随引起自热的其他因素，那么就真正存在自燃的危险。有许多关于洗衣房自燃火灾的报告，下面的两个案例就是忽略了可能自燃的警示标识，并且都涉及植物油污染的棉织物。

洗衣店为周边提供有偿服务，顾客会将需要清洁或需要清洗和干燥的毛巾、衣服等留在店里。发生火灾的那天上午，一位店员一直在为附近的面包店清洗和包装衣物，忙到13:30才完成。她出去吃午饭的时候锁上了店门，但是留下了自助服务的边门以便午餐时间客服进来，灯和水泵也都开着，这是正常的做法。大约在14:15，有人发现商店起火了，店主接电话后第一时间赶到了现场。他通过边门进到了店里，看到只有店内有火，自助洗衣区还没有烟。就像街上其他商店的门一样，上了玻璃的门将商店和自助洗衣区分开，因为店员已经离开，所以门是锁着的。他用钥匙打开了玻璃门来到了前面，里面全都是烟，待收的干洗袋上有明火。他想用带来的灭火器灭火，但是没有扑灭，只能分散燃烧的材料以减缓火势的蔓延，但是火迅速串烧起来，更多的洗衣袋着火了。他跑到自助干洗店后面去拿另一个灭火器，但是因为烟雾和高温未能再次进店。火最终被消防队扑灭。

这场火似乎不是电路引起的，因为店主看到起火的地方没有电器或电线。通过自助干洗机时，他听到了水泵的声音，记得火还在烧，这说明那时候火还没有影响到电线。询问店员时，她承认在摆放洗衣袋时从一个洗衣袋里冒出了烟，但觉得烟一会儿就会停下来，于是没有管就去吃午饭了。

第二个案例发生在一家订单式工厂中。这家工厂生产和储存不同材料的抹布，这是一种适合清洗工厂机械的针织棉产品。工厂用未清洗的棉纤维机织这种布匹，布匹是长幅生产的，然后被裁成合适的长度，再用工业洗衣机清洗干燥，目的是洗掉上面的污渍和松散的绒毛。清洗过的布匹来不及降温就被装到纸箱中发货，每个纸箱重 10 kg，里面的布有 500 m。

起火那天，清洗、干燥和包装了大约 60 kg（6 箱）的布，然后纸箱被运到储藏区等待发货。做这项工作的工人准备离职，当时正在对继任者进行培训。下午，他很早就完成任务回家了。老员工说在干燥阶段偶尔也会有闷烧，从干燥机出来还很热的布被放到纸箱中。那天下午，工厂正常下班，员工离开前关掉了所有机械和开关。

火是 22:00 被发现的，当时厂房上面已经冒烟。起火点是仓库角落盛放布匹的纸箱，纸箱放在托板上，里面的东西全部被烧光，火还蔓延到其他物品上。到达现场时，消防队看到了保安。工厂里面禁止吸烟，清洗区、包装区和仓库都能看到涉事的工人。纸箱附近看不到亮着的灯，也没有看到电器或正在安装的电器设备。

布是用废旧棉纤维织成的，检验人员认为布匹含有天然杂质，其中就包括植物油。清洗过程主要是为了洗掉过量的短绒，温度不够高不足以去除所有的油脂。布匹从干燥机出来还热的时候就包装，植物油中的不饱和油脂增加了自燃的可能性。之前干燥过程中出现的闷烧或冒烟就是自燃的表现，说明这个过程确实很危险。新工人可能没有见过这种情况，没有意识到危险。

虽然加工或半加工的肉和骨头饭的自热比较常见，特别是大量堆积时，但是原材料，即原原本本的浸泡动物组织，自热相对比较少见。在下面的案例中就发生了这样的情况。

有一家经营了 11 年的工厂,厂房里有一台处理动物残留物的大型现代化设备,虽然厂房和机械看上去都干净整洁,但已经快要报废了。

原材料主要是从屠宰场和屠夫处运来的下水,加工流程主要是压缩和切碎原材料,生产成含水量大约为 40% 的肉糜。肉糜被送入能够盛 20 t 材料的方形大漏斗中,放置大约 1 h,然后被送到蒸煮器,在那里高温处理数小时。肉糜被分离成固体和液体后,再用蒸气消毒。

盛装肉糜的漏斗是用镀锌钢板制造的,漏斗底端到填料位都是防水的,上面有盖子,盖子的放置位置符合要求,但并不是空气密封的,里面没有衬里。漏斗里的肉糜用两个搅拌器搅动,一个在底部,另一个靠近顶部,搅拌器由外装的电机驱动。不仅搅拌器无法清空漏斗,而且漏斗的形状和内容物的性质可能会使肉糜粘在漏斗内表面。虽然没有对漏斗加热,但是生产中漏斗温度一直不低。漏斗没有设计手工清洗和内部检查的方式,因此在 11 年的使用中,内表面已经积累了一层材料。

绝大多数时候,生产是自动化和连续的,只有星期六中午和星期日停工。处理完物料后,漏斗里的肉糜都会被倾倒出来,看上去漏斗已经空了。有些时候,通过 PLC,除了污水处理车间以外所有车间停工,除了控制室和独立的污水处理车间以外所有供电电路也都会关闭。原材料漏斗附近,没有在使用的电器。

星期一 8:00 工人进入工厂时,发现漏斗变得红热。管理层和紧急服务部门立刻行动起来,火被控制在了漏斗附近。两台电机没有受到太大损失,没有明显卷入火灾。漏斗数英尺内的电线绝缘层已经熔化,漏斗填料线以下已经变色,盖子部分则相对完好。漏斗上方的屋顶已经变形，屋顶上的玻璃钢平板也已经焦化，但是屋顶的其他区域没有遭受太多损失。

因为钢边能够将周围热量传导到内容物，所以部分原料残留物会不断变干。虽然工厂其他地方还在正常生产，但是漏斗内部已经没有料饼。快到周末的时候，情况变得越来越危险。即使定期清洗，随着时间的推移，残留物也可能会不断积累，特别是角落里。只要达到一定的湿度，这种材料肯定会自热。因为有较多的屠宰场废料，这种材料可能会含有比较多的不饱和花生四烯酸。例如，如果累积的材料部分脱落，相对干燥的层面暴露于空气中，就很可能发生自燃。一旦发生自燃，因为含有脂肪成分，燃烧可能就会慢慢蔓延到剩余的物料上。火灾发生后，从漏斗的形貌可以知道，起火的时候，内表面肯定被明火覆盖过。这是发现火灾时根据火势推断出来的。

这里介绍的最后一个案例不涉及天然材料，而是涉及最容易发生火灾的工作环境——喷漆房内的干燥合成成分。喷漆房内有按照订单进行生产的作业单元，这个现场类似复合单元之一。该建筑是水泥结构，房顶为镀锌板—聚氨酯泡沫夹芯板。房顶还装有大片透明的有机玻璃平板，以便日间照明。

业主是做喷漆生意的，为木业提供上漆服务。他在这个行业已经做了 22 年，在现在的房子里也已经有 5 年了。客户将完成的部分木门、板材、柜子等运到工厂进行喷漆或上清漆，然后运回去进行最后的组装。因为很多材料还在往建筑工地运送，所以各阶段的工期都很紧张。

喷漆房由钢板和聚酰胺泡沫夹芯板建造，深约 2 m。溶剂烟雾用安装在垂直管道上的电风扇抽出，管道将烟雾从屋顶排出。在油漆房和管道内，溶剂烟雾没有与任何电路接触。风扇电机安装在油漆房外面靠上的区域，控制面板也被安装在油漆房外面。风扇电机的电线为铠甲电缆，放在油漆房的上面。一个油漆房在喷漆，另一个在上底漆和面漆。每一个油漆房后面的框架上都安装了可拆卸的滤网，用于过滤喷漆过程中产生的固体，防止它们进入排风管道。根据工作量，滤网每2~3个月更换一次。一些喷出较远的油漆会以小雨滴形状落到地板上，最后凝固成小圆球。这些油漆灰尘一般聚集在滤网后面，特别是滤网后面和油漆房边墙之间，因此要定期清除。

工作中使用的喷漆是标准的工业产品，含有不同的可燃溶剂。从没有烧毁的容器上可以看到成分列表，其中溶剂包括二甲苯（异构体混合物）、异丁醇、丙酮二醇。大多数材料上有"高度易燃""有害"等警示标识和安全用语。含有丙酮二醇（一种用于纤维素基上光漆和清漆的溶剂）的产品上，带有"与氧化性物质混合有爆炸性"的特别提示。带有后一个警示标识的材料是木漆，因为木漆接触氧化剂就会发生放热反应，这是许多油漆和清漆干化过程的一部分。在适当的条件下，它们肯定会产生自热。

喷漆房共有五支干粉灭火器，每个喷漆房外面各有一支，有两支在附近的墙上，第五支在出口处。附近还有三支灭火器。虽然曾经向工人演示过如何使用，但是工人并没有进行过消防演练。灭火器是4.5 kg干粉压力储存型的，最近才装满。没有损坏的灭火器上的技术数据显示，这种灭火器适用于室内材料引起的火灾。

发生火灾的那天早上，因为有一个工人生病休假了，因此就只剩下一个业务熟练的工人在两个油漆房内轮流作业。他先在清漆房喷清漆，等清漆干燥的时候，再到油漆房喷油漆。因为这批货下午就要交，这个工人就一直在工作，都没来得及吃午饭。大约

14：00，他帮助客户将一些完成的产品装上了车。回到清漆房的时候，看到有一堆喷漆灰冒烟了，这堆喷漆灰堆积在墙根过滤网的下边。他跑到隔壁单元小卖部报警后，带了一桶水回来了，把水泼向闷烧的喷漆灰堆，但是没有起作用。然后，他又拿起最近的灭火器灭火，这才暂时浇灭了烟。但是，当灭火器停止喷射时，烟又冒出来了，他只好去取来更多的水。同时，另一个人从附近单元取来了一个水灭火器，对着闷烧的灰堆就开始喷洒，结果灰堆突然窜出了火焰。火势迅速蔓延，工人不得不离开，等待消防队到来。

工人描述的火灾原因为喷漆废料的自燃。检查发现烧焦的材料全部过火，与地面、墙面接触的废料没有不过火的。这一切说明，发生火灾那天，喷漆房在喷漆前被打扫过，因为累积的旧废料已经被氧化和冷却。开始加热前不涉及溶剂，如果有溶剂就会看到烧得较轻的新材料层。由于那天不同以往的生产速度，表面已经氧化和生热的一堆新的清漆小珠已经集聚在喷漆房的角落，这是许多自燃的典型前奏。平常的工作速度较慢，产生的废料也比较少，发生火灾的可能性就会比较小。快干的木漆因为含有溶剂，很容易氧化，如果有氧化剂存在，就有爆炸的危险。其可能的反应过程是，和空气中的氧气结合，造成油漆或清漆快速干燥，放出热量。如果只是薄薄的一层清漆喷到目标的表面，就不会有问题，因为热量已经散发了。但是，火灾发生那天，因为工作量大，喷漆废料小珠在角落里堆积了 100 mm 厚，这就提供了足够厚的隔热层阻止散热，而圆形液滴堆积很容易渗透氧气，随着温度的上升，放热速度加快，温度很快上升到废料堆闷烧的程度。这时，如果没有足够的氧气，明火燃烧的过程就可能会被推迟。那桶水没起作用，因为不足以冷却废料堆。事实上，那桶水只是向下流了，而没有渗透表面。干粉灭火器起了作用，因为减少了氧气进入，但是没有足够的干粉完全隔绝闷烧的材料。水灭火器造成废料堆突然燃烧，是因为受压的水搅扰了废物堆，使很热的颗粒接触到新鲜空气。水在接触废物堆内部时就会沸腾，从而升起水蒸气流和燃烧的溶剂，就如同向热的平底锅的火上泼水。使用喷漆工地的灭火器是发生火灾时正确的灭火方法，干粉灭火器使用正确也会有效。如果使用系列干粉灭火器而不是水灭火器，有可能控制火情，直到消防队到达。正如所见，火势已经非常大，出于安全考虑，先到达现场的灭火人员只得等待，后援装备送达之后才能派救火队员进入喷漆房。

使用灭火毯也可能有用。然而，火灾在现实生活中发生时，工人往往因为没有接受过培训而不能正确使用灭火器或采取其他有效措施。正如本案发生的那样，未经培训的人员发现发生火灾时，他们自己被危险的燃烧材料包围，可能只是根据本能采取灭火措施，而不是根据火灾情况。

危险环境

如前所述，喷漆房是最危险的工作环境之一。除了自燃的危险以外，有些情况下火灾是由设计缺陷、维护不当以及认识错误造成的。

许多小企业的喷漆房设计、建造和保养都很差。常见的错误是在管子内部安装带电机的电风扇，再加上屏蔽和清洗不够，就造成喷漆残留物在电扇部件和管道内部聚集。电扇电机的机械损坏，可能由电扇叶片因喷漆残留物沉积不均匀，导致过热起火引起。美国国家防火协会在 1876 年的《火灾保护手册》中写道："即使是密封和防爆型电机也不适合用于喷漆房管道内，因为电机外残留物的积累会影响电机正常的冷却。"电机应该安装在管子外，通过轴或密封传送带带动电扇。电扇的空间和叶轮应是不产生火花的材料。还推荐每个喷漆房的排风通过最短的管道单独接到室外。检查口安装应便于清洗管道和电扇，清洗也应定期进行，以充分避免固体残留物的积累。但是，喷漆房发生火灾后常常发现，管道够不着清洗，电扇也自安装后就没有维修、清洗和检查。

有时候，电扇和喷漆操作之间没有互锁设备，以便在不排风的情况下也可以喷漆。在一个案例中，操作人员发现忘记打开电扇后，就走到喷漆房外面去开，可是从管道抽取方向引起的火瞬间就吞没了整个喷漆房。

即使全部做到位，喷漆房和设备设计良好，维护保养周到，如果火灾安全培训不够，也会导致事故发生。下面的事故发生在一家小型家具厂，这里喷漆房设计良好，电器安全，电扇安装和维护正确。操作者用压缩空气驱动的喷枪喷漆，喷枪连接在空气和油漆管线上，管线连着喷漆桶和压缩空气。设备接地良好，防止在喷枪或喷射雾滴上积累静电。

当操作者对一件家具上纤维素基底漆时，发生了火灾。他突然发现自己被火苗包围，扔掉喷枪就向喷漆房安全门跑去，安全门是向外开的，只能被外面的空气压力关上。虽然他被这件事吓坏了，但幸运的是在跑向安全门的过程中只受了一点刮蹭伤。当操作者打开两扇门的时候，火苗突然从门口和门后的铰链缝隙窜出来，喷漆房瞬间陷入火海。

从喷漆房的结构看，没有明显的火源。火灾发生前，照明设施和电扇没有任何不正常迹象。从墙上的燃烧模式可以很清楚地看出，虽然铝质电扇叶轮最终被烧化，但起火后电扇还是运转了一段时间。不仅喷漆房内有禁烟的规定，而且喷漆的时候也不可能吸烟，因为喷漆操作人员戴的面具盖住了眼睛、鼻子和嘴巴。火灾发生时，操作人员是自己待在喷漆房里的。

根据火灾发生时在场业主和其他人员的说法，那天早晨既冷又干燥。保持凉爽和尽可能干燥是喷漆房的规定，这样可以防止吸收水分。有人说喷漆操作工那天穿了毛茸茸的合成混合物毛衣、聚酯和棉混合的外套，这两种材料摩擦容易聚集静电，特别是在凉爽干燥的条件下。当衣服表面带有长纤维绒毛，就会在上面聚集较多的静电，结果是纤维一根一根从衣服表面立起来，同时由于穿衣服人的走动，在衣服和衣服之间、衣服和其他物体之间产生放电，放电就会产生能够引燃可燃气体或蒸气的火花。在本案中，可能是工人的衣服与接地喷枪产生了放电。除了明确努力使喷漆房尽可能安全、告诉喷漆操作人员不要穿带钉鞋以免产生火花之外，管理人员显然不知道某些衣服容易产生静电进而点燃可燃蒸气。操作喷枪仪器的工人如果穿棉外衣，或者穿一次性棉或纸质外套，就可以避免这场危险。用一次性棉或纸质帽子盖住头发，也能在一定程度上避免危险。这些材料吸潮，能保持空气和身体湿润，作为导体可以使静电分散而不是集聚，避免在衣服和环境之间产生较大的电位差，从而引起火花放电。

家庭和工业上使用的热油烹饪设备也特别危险。热油煎炸时的温度接近油的点燃温度，所以操作中必须特别小心。因为起火点附近有过多的油脂和其他可燃物，不起眼的火花或火短暂地无人看管时常会引起火灾，甚至酿成很严重的火灾。

酒店厨房开始准备早餐时就发生了一起典型的火灾。煤气油炸器带有大约 1 m 高的金属橱柜和 400 mm×300 mm 的工作面，上部是带隔热、装有油炸介质（植物油）的槽，顶部以下 200 mm 处有一个钢网，防止食物沉到油的底部，但是不能阻止面包屑一类的小颗粒掉进油里。食物放在钢网上面炸，油炸槽没有盖子，油用放在橱柜下面的煤气灶加热，进入煤气灶的煤气流量用橱柜前标记着 0-8 档的旋转开关控制。除了气流控制外，没有温度调节设备，也没有在油过热时温度自动调节开关。进行气流控制，需要打开橱柜的门。

　　火灾发生前，油炸器中的油已经正常使用了 4 天，刚过预期使用时间的一半。新鲜油的容器已经打开，有一部分油被使用了。没有不正常的加热现象。厨房新油桶上的参数如下：

烟点　　　　　　　　243℃

闪点　　　　　　　　338℃

炸薯条的理想温度　182℃ ~188℃

　　早晨准备早餐的时候，夜间搬运工会打开油炸机。发生事故的那天早晨，跟平常一样，他 6∶45 来到厨房打开油炸机上的煤气调节开关，并调到 8 档，然后离开厨房来到接待处等待用早餐的女员工。他跟女员工聊了一会儿，说回头就去关掉油炸机上的煤气。按照常规做法，大约 20 min 后他回到厨房关煤气，却发现油炸机上有浓烟冒出，于是赶紧关掉了煤气，并且认为油会冷却下来。但是，当他转身离开时，油却突然燃烧起来。他试图将湿布盖在油槽上，但是未能控制火情，然后回到接待处报了警。

　　作为一般原则，油炸机和煎锅打开后不应无人看管，哪怕只有几分钟。正如本案发生的那样，使用者倾向于一开始就使用最大火，以便快速将油温提高到烹调需要的温度。大多数人不知道，虽然电器是绝缘的，但是油冷却需要时间。没有证据显示当时油炸机有故障。主厨也知道电器没有应急处置方法（正常省略），认为不会有什么问题，只要小心就好，但是夜间搬运工明显不知道这种电器无人看管的危险。

　　油炸食物很快，但是油没有相应的变化，因为食物的起火温度比油低得多。一些食物表面可能覆盖着面包屑一类的颗粒或谷物粉，这样起火温度就会更低，所以即使这些食物外面变成了棕色（即部分热裂解），油还是没有发生相应的变化，因此油可以多次使用。但是，食物向油中增加的这些物质可能降低烹调油的沸点，导致油在较低的温度冒烟。面包屑和类似的颗粒燃烧温度比油低，沉底后会很快变焦。在本案中，冒烟是由于油（因为接近沸点）和污染，特别是面包屑和其他碳水化合物材料此时在热油中被烤焦。虽然搬运工将煤气流速调低了，但隔热容器中的颗粒却不会迅速冷却，反而会继续烤焦。他进入厨房及在附近走动会导致热油表面的空气流增加，从而提供足够的氧气使烤焦的碳水化合物燃烧起来，这反过来又会使油点燃。

使用电加热时，如果油炸机无人看管，就会造成更大的问题。即使是完全自动操作，油炸机中的油也可能燃烧，这是因为加热元件的温度总是比油温高，以便快速加热设备。虽然设备到达预先设定的温度时，自动开关会切断电源，但是加热元件还保持在很高的温度，油温还会继续上升一段时间，油表面也还在挥发。

烹饪设备往往维护不及时。例如，喷漆房、工业场所的抽吸设备常常设计粗糙，用长长的弯曲的管道通向户外。油脂冷凝会沉积在管道内，特别是弯头处，从其他地方抽来的细小的刮擦火星就很容易在这些地方引燃。管线一般是无法清洗的，再加上用不合适的材料（如铝）建造，并且与木材及其他可燃材料离得不够远，因此虽然开始是很小的火，但最终可能会导致主要建筑结构损毁。

家庭油脂火灾主要发生在薯片煎锅中，通常是让锅太热或者无人看管造成的。人如果喝了酒就很容易误事，忘了平底锅还放在煤气或电热板上加热，有时候甚至是睡着了。更严重的是，这往往会造成人丧命，特别是家里有老人和小孩时。如果火势蔓延到厨房设施，产生的有毒烟雾可能困住楼上的住户。家庭厨房配备灭火毯的规定值得鼓励，在家庭住宅公共活动区安装烟雾报警器也值得提倡。应该强烈推荐使用设计合理的家庭油炸机，父母应该让孩子知道，大人不在家的时候，自己炸薯条很危险。

结 论

许多发达国家，调查火灾事故和编辑火灾原因数据是由消防服务部和保险业完成的，但是统计数据即使可以使用，也不是普通大众可以利用的。调查人员可以报告违反规定、忽略标准或者只是缺乏常识等，但如果不教育人们知道自己的职责所在，火灾事故将继续在家庭和工作场所危害生命和财产。

参考文献

1. *The Fire Protection Handbook* (1976), National Fire Protection Association, PO box 9101, Qunicy, MA 02269-9101, USA.

2. D. Drysdale (1985), *Introduction to Fire Dynamics*, first edition, John Wiley and Son, New York.

3. BSI PD 2777: 1994, British Standards Institution, HMSO.

4. Dangerous Substances Act (1972), Government Publications Office, Dublin.

5. BS 5438: 1989, British Standards Institution, HMSO.

6. Industrial Research and Standards (Section 44) (1991), Petroleum Coke and Other Solid Fuels Oder, Government Publications Office, Dublin.

7. Barbour Index Health and Safety Professional (1989), Welding and other hot work processes.

8. Factory Mutual Engineering Corporation Booklet (1997), *A*

Pocket Guide to Hot Work Loss Prevention.

9. H. P. Rothbaum (1963), *Journal of Applied Chemistry*, 13: 291-302.

10. J. A. Currie and G. N. Festenstein (1 9 7 1), *Journal of the Science Food and Agriculture*, 22: 223.

11. P. C. Bowes and Langdorf (1968), Spontaneous ignition of oil-soaked lagging, *Chemical and Process Engineering May.*

3 电与火灾

约翰·D.特威贝尔

引言

在每一起大的建筑物火灾中，火焰最终会通过烧毁动力电缆导致线路短路。如果这发生在疑似火灾点，调查人员将会面临烧毁线路的电流是火灾的原因还是结果的问题。然而，电和火的关系常常被许多调查人员弄错，而这些人的火灾报表是英国国家统计的依据。

英国内政部编制的国家火灾统计（National Fire Statistics）显示，大约 25% 的火灾是由电引起的，但是这其中还包含了其他原因。首先，统计数据来自火灾报表，报表要求填写"设想的原因"，而这可能是由没有受过火灾调查培训的消防官员完成的，对这些人来说发现显示短路电弧烧过的痕迹的电缆片就是电气祸端的确切证明，而有的火灾肯定是火燃烧动力电缆的结果。其次，因没有正确使用电器发生的许多火灾被报告为"电气"火灾。因此，离电加热器太近的衣服起火就可能被归结为电引起的火灾。类似地，发生在电炉灶上薯片烤锅的火也被报告为"电气"火灾。

误报的程度可以从最近完全由法庭科学服务机构亨廷顿实验室所做的 5 年期（1990—1994 年）火灾调查[1]中看到。该调查显示，实际只有 2% 的火灾是由电引起的。可能有人会说，FSS 只调查致命的或嫌疑致命的火灾，这些火灾的发生与非偶然原因还有偏离。但是，在调查期间，是警察机关的命令要求实验室调查所有致命火灾的。如果电是火灾的主要成因，应该通过致命火灾的统计数据显示出来，但是却发现涉及电的原因只占调查的致命火灾的 6%。

电火灾的广泛误报能够在审讯中产生严重的影响。辩方律师常常质疑控方调查人员，说火灾实际上是由电的故障引起的，因此指责调查人员没有实施正确的现场勘查致使错过查明真正的原因。如果辩方能够展示调查人员在勘查起火位置时错过或忽视了一些电气因素，这可能被用来排除调查人员的结论。因此，即使火灾的原因很清楚是故意造成的，调查人员也必须再花时间去现场检查电气因素，以排除后续这样的法庭质疑，这很有必要。

不只英国国家火灾统计数据因为错误地倾向电器火灾而存在缺陷，美国和加拿大的埃特灵、贝兰等电器火灾调查专家也打电话抱怨要求对火灾调查有更好的了解和培训。

目的和读者要求

本章目的是试图阐释和普及相关知识给调查人员厘清电与火之间的关系。目标是讲解基本的电器安装，尝试阐释造成火灾故障的各种可能、故障的作用及其在正常保护的电路中发生的可能性。这些知识信息会以相对简单的方式表述，因此对受过专业训练的电器工程师来说显得太过肤浅。

我们首先要假定读者已经有了基本的电的基础常识，了解电的一些基本概念，如电压、电流、电阻和电功率及其相互关系，还具备一定的电力供应系统、家庭输配电知识。虽然本章主要讨论的是 UK AC 供电，但还是侧重使用电阻术语而不是用更正确的阻抗概念。

IEE 配线规则

在英国建筑物内关于电力分配的几乎所有方面，都被电气工程师学会（Institution of Electrical Engineers, IEE）的"电气安装要求"(Requirements for Electrical Installation)（也叫"配线规则"）所涵盖，它的第 16 版（1991）已被纳入英国标准协会（British Standard Institute）1992 年的标准 BS 7671。最新版的 BS 7671：2001[4] 是第 16 版的全新修订版，该版于 2002 年 1 月实施。其中包括大量图表，接近 300 页，并有标题编号。

这一电气安装要求用于可能遇到的任何类型建筑或场合的电力配线安装，但是也有明显的例外，如不能用于电力公司到住房的电力连接（这是 1988 年电力供应规程定义的"供电作业"，规程也不包括轨道牵引），但是可以在法庭上和法规一起作为证据使用。一般而言，该电气安装要求的配线规则不具有回溯性，如果一个建筑物当时遵照规则配线，当规则改变后并不需要立即改变安装。

该配线规则本身有点晦涩，不易读懂和得到遵守，不过 IEE 还出版了一系列解释性的小册子，包括《配线规则指南》和一系列指导书，第 4 号指导书叫作《防火》[5]。

1989 电工规程

法律要求这一规程必须在任何工作场所得到遵守，特别是在火灾现场不把供电立即断开就很危险。本章后面将要讨论该规程的要点和在现场与实验室检验中的应用。

术语

配线规则经过一系列版本和修订，出现了术语的变化，很容易混淆。曾经叫接地连续性导体（Earthing Continuity Conductor,

ECC），后来改为线路保护导体（circuit protective conductor）。本书更多使用接地导体（earthing conductor）和地线漏电流（earth leakage current）等术语，便于非专业的调查人员理解。单相电路大多使用火线（live）一词，这比用相线（phase）一词更明白易懂。

电源电压

英国的额定电源电压很长时间已经标准化为 240/415 V rms（就是单相 240 V，三相 415 V）。向客户的供电允许 ±6% 的浮动。其时大多数欧洲的额定供电是 220 V（±10%）。1995 年 1 月，作为欧洲一体化进程的一部分，英国 1994 年法规文件第 3021 号——《1994 供电规程（修订本）（第 2 号）》实施，欧洲额定供电修改为 230/400 V，不同地区允许的浮动范围不同。2003 年欧洲全部额定供电统一为 230/400 V ±10%，但是还允许英国 240 V、其他国家 220 V 的额定供电。因此，本书相关的电源电压为 230/400 V，而大多数人还不知道电源电压已经减小到了 230 V。根据欧洲一体化的变化，许多最近生产的电器都标注了 230 V 操作，但这并不意味着英国电源不适用，或特殊场合可能会导致火灾。

电路、原件和保护设备

配电系统

英国大多数用户使用来自二级供电站三相变压器的电力。基本上变压器的输出端是三线端，提供三相输出（见图 3.1）。

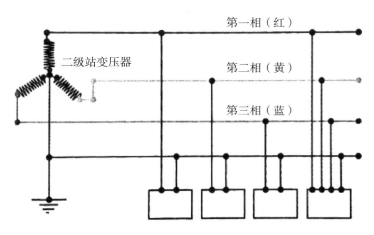

第一相（红）

第二相（黄）

第三相（蓝）

二级站变压器

图 3.1　分配到用户的地方供电

注：如 3 个单相家庭用户和 1 个到大楼的三相供电。

三个线圈的另一端连接在一起，形成变压器的零点，在二级站接地。全部配电系统的零线端从该点接出。三个输出端每个产生 50 Hz 的正弦波供电，但是三相相差 120°。每个线圈产生相对于接地零线从正到负变化的正弦输出，或有效地向用户产生相对于零线额定 230 V rms 的供电。由于三个绕组的相差，额定 400 V rms 在每两个绕组之间会产生正弦电位变化。二级变电站通常会有自动机械调节输出电压因负载增加等引起的下降。每相还包括高负载或事故下保护变压器的熔断器，电缆从零线和熔断保护的每相接入配电线路。有些地方电缆埋在地下，有的架在空中。为了平衡负载，客户按如图所示的三相间配电，小型工厂或服务站用三相电。

家用单相供电

在对单相家庭客户供电中，相线通过服务保险丝（通常叫作保险丝）。零线导体通向零线模块在房子内接地或在住户内独立设立地线，然后单相线和零线通过电表接入住房的配电线路（见图3.2）。在三相供电中，每一相通过独立的保险丝（连接同步带保险丝的地线），然后经过三相电表接入配电箱。通过保险丝和电表接入的服务电缆安装是供电公司的财产，电表后的安装是住户的财产和责任。

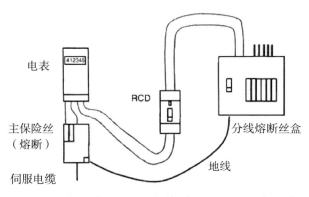

图 3.2　典型家用供电安装（20 世纪 80 年代）

注：早期安装可能没有 RCD 或通过 ELCB 到用户单元，后来可能有带集成 RCD 供电选择电路的分用户单元。

　　来自电表的供电接入一个或多个配电箱，现代配电箱常常叫作客户单元。通向不同电路的客户单元都带有保险丝或 MCB（小型断路器）。在家用中，这可能是照明、取暖、烹饪电路的最后保险丝/MCB。对于环形主插座电路，保险丝/MCB 可能为 30 A 或 32 A，而最终电路的断路器可能为插在每个电器导孔内的 13 A 或者电流更低的三针管式保险丝。

　　照明电路和向固定大负载设备（如电炉、电热水器、电淋浴器）供电用放射状线路，从熔断器引出的单相电缆接入负载。在这些线路中，电缆必须足够承受满负荷的负载。在照明线路中，房内要有一路上楼，一路下楼，一条电缆通常向数个照明点轮流供电。英国

主要通过环形线路向电器插座供电。这些线路设计的最大负载为
30~32 A，但是有两路电缆从断路器盒子内引出，向一连串插座供
电，这些插座连在一起，形成带火线、零线和地线的环，每个闭路
围绕全部线路（见图3.3）。因此，环中插在任何插座上的负载实
际上有两根电缆供电，这允许使用负载较小的电缆。二级线路叫支
线（spur），可以通过单根电缆进入环路，但是通过支线的电流应
该用适当的断路器限制。

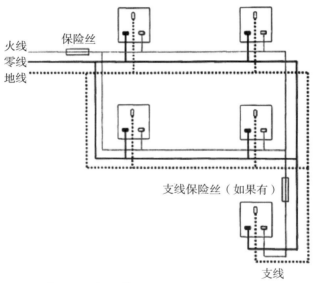

图 3.3　典型带断路器的直插环形电路

在配电线路内线路应该用颜色标示，规定红色代表火线，黑色
代表零线，绿色和黄色相间（绿色 / 黄色）或裸铜代表地线。在双
向照明电路中，蓝色和黄色常用于表示地线。电器电线用棕色代表
火线，蓝色代表零线，绿色 / 黄色代表地线。现版《布线规则》不

允许使用全绿色作为颜色标记，但是在之前的第13版规则中可用作地线的标识。因此，在以前的线路中有时会遇到全绿色标记的导线。偶然还会在旧电器中看到分别用红、黑、绿标记火线、零线、地线的线路。

三相供电

大多数工厂、工业单位和公共建筑使用三相电。在许多情况下，用户不会很快弄明白大楼是三相供电，因为相线被分为三条独立的230 V单项供电。因此，大楼采用一般住宅正常使用的13 A电源插座，除非需要完整三相供电驱动工业电动机，一般工人不知道二者的区别。但是检查配电系统将会发现输入的三相供电，它有三个断电器、三相电表，开关盒内配电开关和断电板通常含有颜色标记的全部三相（红、黄或蓝/黑零线）。明显区别是如果相电之间发生了故障，就会产生很大的相电压差（400 V）。

因为大多数三相供电最终提供单相线路应用，配电线路不应比理解家庭安装难太多。但是，因为含有许多电路，根据安装的规模可能需要更多的单独配电或隔离箱。调查人员必须能够理解这些配电箱在供电隔离和通过断电器等向其他地方层层配电中的作用。调查人员必须能够推断出配电的哪一部分带有三相电，相线从哪里分离出来连接到最终的线路。调查人员培训应该包含检查未烧尽的三相供电配电箱，熟悉供电系统。

哪里有三相线，哪里就要用颜色标记相线。一旦分离成单独的单相线路，布线颜色标记就恢复到红色代表火线。典型的三相配电断电器盒很可能含有主隔离开关。一个开关或切换把手可以断开三相电。一般来说，断电器或MCB三排或三列排布，但是有时也在同一排依次排布。当使用断电器/MCB向单相电路供电时，每相火线输出电缆很可能标记为红色，特别是最终通到相电之间不易发生混淆的地方。因此，来自配电盒的线槽很可能含有几根红色电缆，但其实际上代表不同的相电。有时电气工程师在一段红色电缆上加红色、黄色、蓝色或其他颜色的标签表示不同的相电，但是这并不普遍。如果从三相供电配电箱向三相电机或类似设备供电，需要经断电器从每相引出电缆，就应该用红色、黄色或蓝色外皮的电缆标示不同的相电。为了欧洲进一步一体化，英国不得不改变相线的颜色而使用 2006 年电器安装要求的火线和零线颜色标记。

许多大的建筑的照明负载常常分散在三相中。这在工厂或车间特别重要，在那里荧光灯配件常常分散接入分自三相的多个配电盒。这是为了填补系统中不利的闪烁，避免频闪效应（stroboscopic effect），反过来向工人提出旋转机械是静态的说法。

三相供电的一个特殊性质是，如果三相上的负载平衡(如相同)，电流在三相间流动（通过负载和当地零线中间连接），但是经零线回到次级变电站的电流为零。如果负载很好地平衡，像在三相电机中的那样，就不需要零线。即使未连接零线电机还能运转，也不会产生什么危险和作用。不同用户分别用不同的三相供电，如果不连接零线，像后文"零线缺失"提到的那样，作用就会完全不同。

电缆和电流负载能力

导线大小用截面积（mm^2）表示。当电流通过导体，电流克服内阻将产生热。对一定长度的电缆，电缆中功率耗散是流过导体的电流平方与电缆电阻的乘积（I^2R）。电缆中实际产生的热量是电流流过的时间（s）的函数，热量（J）$=I^2Rt$，一定大小的电缆有电流限值，超过这个限值会导致电缆绝缘的损坏。现在导体用空气中 30℃ 下的截面积分级。电流分级是导体加热到很可能损坏绝缘的最高温度，PVC 的最高温度为 70℃。电缆的热环境也很重要，因为如果从电缆的热损失受阻，最后的平衡温度也较高。因此，规程中规定使用合适因素降低电缆负载电流以便在更高的温度下使用，或者多股电缆捆在一起使用，或者在存在热阻的情况下使用。

电缆结构

在固定安装的电缆中，每股单根电缆芯大小不超过 2.5 mm² （直径 1.78 mm）。大于这种尺度通常需要多股，因为单股可能难以弯曲，如果频繁弯折导线有变脆折断的危险。连接供电源插座和电器的软电缆要更加柔软，因为需要反复移动和弯曲，因此导线芯为多股退火铜结构。

在早期分类中，不同类型绝缘电缆和反常电缆一直有问题。BS 7671:2001[4] 只有两种类型：热固性和热塑性。PVC 材料电缆加热时会变软熔化，具有可塑性，因此属于热塑性。大多数橡胶和许多其他材料为交联材料，加热后不能熔化，不具有可塑性，最终固体热分解，叫作热固性塑料。

使用绝缘的种类决定了电缆的最终用途，特别是在一定热环境下的用途。普通的 PVC 绝缘电缆使用温度不超过 70℃，一些热固性绝缘体可以用于高达 90℃ 的温度，矿物材料绝缘体电缆可以在更高的温度下使用。一般 PVC 绝缘电缆和软线在低温下会变硬甚至变脆，因此不要在冬季用于室外。但是标注"北极"的热塑性 PVC 电缆，即使在很低的温度下也能保持柔软（温度范围 –20℃ ~70℃）。

多芯电缆（含有几股导线）加倍绝缘，在外层绝缘下每个芯线都有绝缘。主要例外是 T&E（Twin and Earth）电缆，在外层裸露的铜地线内包着带绝缘的火线（红）和零线（黑）。

固定安装电缆

《布线规程》给定的容量允许对应宽泛的过载边界。笔者所做的实验显示，在电缆严重过热前固定电缆一般能够承受大约 2.5 倍过载，但是能够承受的过载程度很大程度上因电缆的环境而变化。合理的设计应能确保固定电缆直径能够满足用途。虽然常常有人提出旧的 PVC 线路能够承受更大的过载，因为那时的用户趋于向固定线路增加插座，老房子线路参数常常被写得低了，实际可以向线路中接入更多的负荷。因此，除非向特定电路中接入了过大的负载，否则虽然配套的断电器不合适，安装的电缆几乎总是匹配。在增加插头和插座的现代安装中，没有必要较大地增加断路器容量，因为新的插头通常是给多台计算机和娱乐电器供电，这些电器的功率消耗都很低。另外，现代安装越多，引起的问题也越多。现在的定价实践常常选择小指标，以保持低成本，击败竞争者，在这种情况下的安装不可能和增加的负载匹配（需要注意，BS 7450/IEC1059 1991 说明设计者应该考虑电缆的经济性和寿命的关系，如果电缆过载寿命将会缩短）。在家用场合，缺乏电器知识又喜欢自己动手的人可能产生进一步的问题。

软线和拖线板

电器一般带有软线，常常拥有合适大小保险丝的压模插头。拖线板一般显示有最大电流的限制，卷起的拖线板会有电缆全长以及使用前解开卷绕的警示。一个最大负载为 13 A 的解开的拖线板通过 13 A 保险丝可以承受 3.5 kW 负载（13 A）。但是，如果电缆没有解开，绕线的线鼓内产生的热量就不能散开。

图 3.4 和图 3.5 显示了典型的电缆过载实验和获得的温度曲线。实验测定了加以相同负载的同样长度的电缆在不同环境中的温度差异。传感器 1 显示了正常空气中电缆的温度上升，传感器 2 显示

了通过隔热绝缘电缆温度的上升，传感器 3 的电缆在线鼓上绕了几圈。从这个具体实验中可以看见绕在线鼓上的电缆产生了最糟糕的情景，1 h 后达到了最大平衡温度。

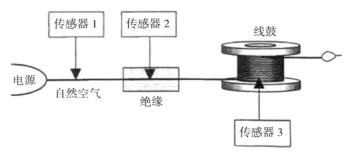

图 3.4　用电缆在自然空气中进行运行过载实验（线鼓上带
绝缘和破损）

注: 典型的实验用低压大电流电源向在远端产生短路的双股或 T&E 电缆输电。

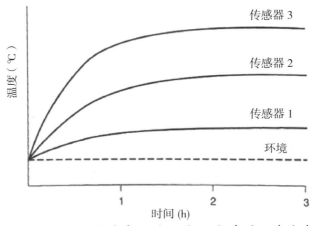

图 3.5　电缆过载实验（见图 3.4）中的温度曲线

　　根据过载的情况，绕线会持续升温，直至超过绝缘体的软化温度而熔化或热分解。极端的情况是，绝缘被破坏，导线相互接触，发生短路，产生电弧。短路肯定会烧坏保险丝或 MCB，切断电流，因为可能受小于烧毁保险丝需要的电流传播速度限制不会产生电弧。在这两种情况下，短路产生的短时间电弧或电火花，或者长时间稳定电弧都会点燃热裂解产物或塑料蒸气，产生有焰火灾。如果电弧出现在有空气和可燃材料处，而且二者的比例在燃烧极限（或者叫爆炸极限）范围内就会起火。如果不是这样，一些热分解的绝缘体可能发生闷烧。根据环境，大约 1.5 h 后，过载的电缆线鼓就可能会发生火灾。

因为产生更多的可燃物，橡胶覆盖的电缆通常比 PVC 绝缘的电缆更危险。但是，使用塑化剂的 PVC 本身可燃，如果电缆足够热会因挥发而燃烧得更剧烈。

保险丝和 MCB

最简单的保险丝是电路中的一段脆弱的连接，一旦电路过载就会过热烧毁。如果保险丝是在安全的环境下烧毁，就不会造成火灾或人员伤亡。保险丝能隔离故障，防止电路流过太高的电流。保险丝也能保护电源电路的前端防止其过载。应该注意的是，设计的保险丝应该在过大的电流流过电路时烧毁，但是不能失效，失效的保险丝是在应该烧毁时而不烧毁，或者在使用过程中以毁灭性方式爆炸的保险丝。

早期的保险丝只是放在适当外罩中的一小段铜丝，后来的就是今天还在老式用户单元使用的可以更换的保险丝，也叫作半密封保险丝。保险丝电线原件装在带有陶瓷或类似隔热底座的陶瓷载体上。通常用锡铜合金电线作为保险丝电线，锡可以提供一定的抗氧化保护。

当太高的电流流过保险丝元件，保险丝受热达到熔点。随着温度提高铜的电阻升高，熔化的金属甚至更多。因此，当线路连接开始熔化，内阻迅速增加，便会产生更多的热。当融化的金属脱落，电路断开，产生电弧使有电流流过断开的保险丝连接。综合作用就是随着电路的断开造成融化的金属以爆炸的方式脱落，常常伴随"砰"的声音。

保险丝技术

一根简单的铜线迅速熔断的性质较差。在大的过载下或短路下铜丝可以很快熔断，但是如果过载较小熔断的速度就会较慢。这种类型的保险丝因为氧化在接近极限电流时要较长的时间才能熔断，所以会失效或不灵敏。在之后过程中，这种保险丝在熔断电流下可能维持较短时间。

管式保险丝具有较好的操作性能。最简单的包装保险丝是连着一小段保险丝的锡黄铜或锡铜合金端帽的陶瓷管（见图 3.6），管内填充了石英砂，帮助淬灭连接熔化后的缝隙间的电弧。银也常常用作保险丝，因为银比铜更具有惰性和更低的熔点。在保险丝线的中间有一颗小锡珠，可以改善保险丝的低过流熔断性质。这应用了"M 效应"（Metcalfe effect，梅特卡夫效应）。在低过载电流下，保险丝元件受热导致锡珠熔化，和保险丝连接的高熔点金属形成合金。形成的合金比元件具有较高的电阻增加了局部热效应，这导致元件内部进一步形成合金，产生比不用锡珠更快的熔断。

大的管式保险丝使用一个或多个带状的邮票样元件。如图 3.6 所示，元件含有压缩点，可以有效地集聚电流和热效应。在负载很高或短路情况下，保险丝将会在一个或多个压缩点熔断。小锡珠置于一个压缩点旁边以便通过"M 效应"改进低过载下的操作性能。高负载管式保险丝常含有几个丝状元件。

与可更换的保险丝相比，管式保险丝有许多优点。管式保险丝将熔断限制在管内，通过用高电阻材料填充间隔并吸收电弧能量，装填的砂子帮助淬灭电弧。当电流波形在周期的起点电弧刚刚开始不到 0.01 s 降下来，电弧通常就永远熄灭了。这样的保险丝很小的体积就能有很高的熔断能力，即使是上部插拔的保险丝也应该具有切断 6 kA 故障电流的能力。这样的保险丝可以快速方便地更换，具有更好的重复性和耐受性。对于法庭调查人员来说，这种保险丝的优点是能够永久保留熔断的记录，可用于随后的询问中（见"保险丝的实验室检验"）。

保险丝常被提到的性质叫焦耳积分或者 I^2t，这是故障电流 I 和时间 t 之间的关系，故障电流使保险丝熔断。在高故障电流下，对于特定类型和大小的保险丝，I^2t 是个常数。如果线路的电阻可以估计，就可以计算故障发生时线路的能量耗散。电缆中释放的热量（焦耳数）为能量（W）× 时间（s）。因此，那段时间内保险丝线路中释放的热量为 I^2t × 电缆电阻（R）。如果 I^2t 为 1000，R=0.05 Ω，电缆中释放的能量只有 50 J，超过这个数值，这段电缆就可能产生显著的作用。

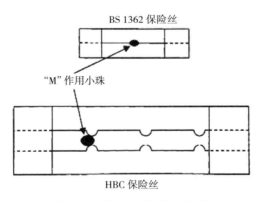

图 3.6　管式保险丝的结构

额定电流

特定保险丝的额定电流是保险丝承载的最大电流，而不是造成保险丝熔断的电流。根据保险丝的设计或类型，在一个小时内保险丝可以在低倍额定电流下操作（不到 2 倍）。给定保险丝类型和大小等性质后，常参考时间定义或标准化，有的叫传统时间（conventional time）。例如，对于 BS 1362 的插拔式保险丝性质，是以传统时间 30 min 为基础的。这种保险丝应该可以承受 1.6 倍额定电流至少 30 min，但是在 1.9 倍额定电流下 30 min 内将会熔断。

通过保险丝的电流越大（超过额定值），保险丝熔断越快。如图 3.7 所示，生产厂商、标准研究所和 IEE 出版了保险丝的时间—电流曲线。为了使用这样的图形，首先有必要估计线路中的预期电流。在短路情况下，这是供电变压器 / 变电站短路时可以向全部线路电阻达到短路状态的最大允许电流。我们也可以用这个图估计过载情况下电路的电流。

所有制造商制造的保险丝性质都稍有不同，制造标准有允许误差或者保险丝操作的标准窗口。单个制造商生产的保险丝的允许误差比较接近，而标准窗口和发生的允许差达到 ±10% 电流。因此，保险丝的特征曲线应该被认为比通常的细线描绘的范围稍宽一些。用于 IEE 线路规程中的时间—电流曲线数据是不同标准中最慢的操作时间。

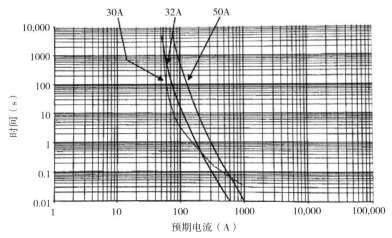

图 3.7　32 A 和 50 A 管式保险丝（BS88）与 30 A 半封闭保险丝的
时间—电流曲线（根据 IEE 电线规程外推估计）

分辨

　　如果有两个或多个保险丝用在同样的电路中，可以期待在一定
条件下额定值最小的保险丝最先熔断。在任何线路中都有许多保险
丝，直到最终的线路。保险丝通常被接入每一层线路，以便配电线
路分为下层电路（见图 3.8）。如果最后面的线路出故障，那条线
路的保险丝应该熔断，而不是配电层级的上层线路的保险丝熔断。
如果这层线路的上层线路保险丝熔断，将会把包括故障线路的线路
组隔离开，与其他未受影响的线路切割。为了在连续线路单元或层
级中得到想要的区分保险丝，一般用至少两个因素。这在典型的家
用配电系统中可以看到，最大的额定保险丝是供电公司的保险丝
（一般为 60 A 或 100 A），而用户单元保险丝盒会包括不同大小的
保险丝，包括环形电源保险丝（30 A 或 32 A）和插入环形电源插
座的每一个电器、定额为 13 A 或更低的插入式保险丝。在现代家

庭或办公场所，配有带着多个插孔的拖线板，这意味着可能有不止一个同样定额的保险丝在配电线路的最终部分。在这样的情况下，区分熔断不可能发生。因此，如果一系列电器插入多条拖线板，其中之一电器发生故障，拖线板的保险丝就会熔断，而不是故障电器插座的保险丝熔断。

区分熔断对于具有类似性能的同样类型和设计标准的保险丝作用良好。在大多数家庭场合和许多工业场合逐层保险丝可能是不同类型的，具有不同的性能，但是两个分离因素应该形成足够的区分能力。即使偶尔会发生配电系统中上级保险丝熔断，而发生故障的最下级线路保险丝也能保持完好。通过比较图 3.7 中显示的两种不同类型保险丝的特性曲线，就可以看到发生了这种情况。该图显示了 30 A 可更换（半封闭）保险丝与 32 A 和 50 A 管式保险丝（BS 88）典型的时间—电流曲线的比较。从中可以看到，在低过电流下可更换保险丝将会如期待的那样熔断，但是对于大预期电流，30 A 可更换保险丝的曲线甚至和 50 A 管式保险丝的曲线交叉。因此，如果两种保险丝串联在同样的线路中，在接近 1000 A 大短路电流下，50 A 的管式保险丝可能比可更换保险丝作用快。这就是为什么管式保险丝具有更好的熔断性能，在严重的短路情况下反应更快。类似地，偶然会发现如果电器或其拖线发生短路，配电板保险丝会先于13 A 插入式保险丝熔断。在预期的区分保险丝没有熔断的情况下，有可能是低定额的保险丝（管式保险丝）正受到极端的压力，在高定额保险丝熔断的时刻立即熔断断开线路。正如后面所描述的，检验将会揭示"短路存活"的标志。

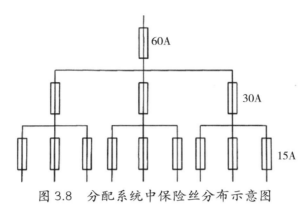

图 3.8　分配系统中保险丝分布示意图

注：在大多数家用或办公用电路安装中下部的分布主闸刀，可能为 13 A 保险丝提供不同的电器设备。

保险丝的热熔断

如果管式保险丝受到足够长的时间和足够高的温度，如火灾情况下，保险丝元件最终可能由于 M 效应的热操作而熔断。在一系列的实验中发现，插入式（BS 1362）保险丝在 450℃下加热 1.5 h 造成接近 M 效应珠的电线变细，但是保险丝仍然保持完好。在超过 700℃大约 20 min 内，或者 800℃大约 10 min 保险丝就可能发生热熔断[6]。

小型断电器（MCB）

有许多机电设备起到和保险丝同样的作用。这些设备含有机械复位开关，可以切断线路。这些装置在家用中具有以下优点：一旦故障排除容易恢复线路供电，也可以手动关闭隔离线路。但是这些设备对侦查人员来说其缺点是：不能保留导致设备动作的环境情况记录。现代居住单元为模块结构，在配电盒或用户单元内允许接入母线系统。

MCB 有两种操作方法，在机械触发中结合了热和磁效应。在低过载电流下，热传感器起作用，流过的电流加热双金属带，当温度升得足够高，触发机械。在很高的过载下，短路绕组产生磁效应几乎同时产生触发效应。系列 MCB 的特征曲线见图 3.9。基本曲线比保险丝的复杂，但只是热操作曲线（类似于保险丝）与发生在很高通过电流下更加陡峭的磁操作曲线的结合。

因为 MCB 具有热操作方式，其灵敏度受到温度的影响。MCB 也可以被火灾情况下过高的热量触发。因此，如果金属配电箱在火灾中很热，即使供电已经切断也能看到 MCB 实际很可能触发。温度保持几分钟到数小时可能足以触发 MCB，而不会造成塑料盒子的损坏。因此，MCB 比保险丝更容易受到热效应的影响。相关结论来自这样的事实：如果在火灾的发展过程中变热，即使在低过流下也能引起触发。

火灾后发现 MCB 处于关的位置，可能有以下三个原因：已经触发，高温触发，或者因火灾关闭了（在火灾前或火灾后）。

不同种类的系统根据其触发性质使用 MCB，但是其差别超出了本章的范围。

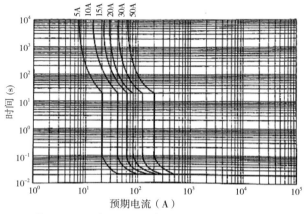

图 3.9　一类 MCB 系列时间—电流曲线

注：数据来自 IEE 电缆规程。

残余电流装置（RCD）

这种装置的基本作用是防止漏出的杂散电流流过线路，因此通常被认为是防电击装置。该装置被设计成如果发生漏电就打开。该装置的早期类型是电压驱动地线漏电断路器（ELCB，见图 3.10）。这种装置在接近接地点接入地线，以便能够监测到任何流过地线的电流。故障电流流过装置的电阻产生电压，足以触发装置断开供电。这种装置对于有漏电流流经地线的情况工作良好，但是如果故障电流流向其他杂散地，装置不会触发。

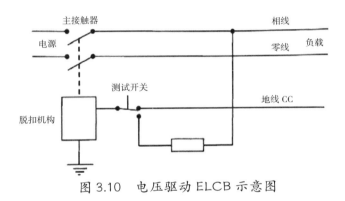

图 3.10　电压驱动 ELCB 示意图

大多数 ELCB 已经被取代，但是偶尔还会在旧式配电中遇到。ELCB 被残余电流装置（RCD）取代，RCD 之前叫残余电流断路器（RCCB）。这种装置可监测两个半总线路电流，是监测线路或层级线路的火线和零线接入该装置（见图 3.11）。火线和零线各自接入变压器的两边，以消除磁效应。在绝缘良好没有漏电的线路中，流出火线导体的电流应该和流回零线的电流相等。在变压器中引入一个感应线圈，如果有净电磁效应就产生电压。因此，任何不平衡都会在感应线圈中成比例地产生效应，如果超过了触发水平，装置就会触发切断供电。大多数装置标称触发电流为 30 mA（就是火线和零线之间有 30 mA 或以上的不平衡）。这个触发水平是基于人体短时间内平均能够承受、不会因心室颤动引起死亡的平均电流考虑。

　　RCD 相对于电压控制的 ELCB 具有两个优点。第一，RCD 只根据电流差动作，能够感受所有的漏电流，无论是流向接地导线还是流向诸如水管、散热器或者是湿的水泥地板的电流。因此，不仅能够检测到通过人体的杂散电流，也能检测到通过湿的建筑结构的杂散电流，后者可能引起火灾。第二，如果零线和地线（二者之间可能存在几伏特电压）之间发生故障，RCD 将会发挥作用，大大消除零线和地线因故障造成火灾的可能性。

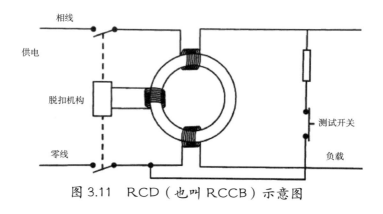

图 3.11　RCD（也叫 RCCB）示意图

　　有些线路和电器，如热水器线路，可能比其他线路具有较高的漏电流，30 mA 电流通过这些装置可能引起不当触发。20 世纪 70 年代后期，RCD 被看作用电安全的巨大进步，通过 30 mA RCD 项消费单元量化供电成为常态做法。在有 RCD 的线路中，如果 RCD 触发，就会断开整个供电线路。从那时起人们已经认识到，因小型电器漏电晚上断开用户照明电路更加危险，通向冰箱、报警系统的线路也应该维持供电。因此，到 20 世纪 90 年代后期倾向于部分供电通过客户单元内的 RCD 向用户单元供电（接入环形供电插座线路），但是照明和其他线路通过 MCB 接入。

具有较高触发定额和延迟时间短的装置也已经上市，可以用于合适的线路。英国标准 RCD 中有两种类型，一种是通用型（G），另一种带延迟选择（S）。典型版本为 100 mA（G）、100 mA（S）、300 mA（S）。装置之间的区分是 100 mA（S）RCD 可以用于 30 mA（G）RCD 之前，能够产生足够的上溯区分度。

家庭和办公室有多种含有半导体的设备，这些设备能够改变供电的 AC 波形，在漏电流中产生变形的 AC（叠加了脉冲 DC）电流。另外，RCD 技术的发展能够做到这一点，现在生产了区分故障电流灵敏度的两种 RCD。国际标准（IEC 1008）把那些期待处理一般 AC 波形的 RCD 划归 AC 型，而把期待处理 AC 叠加脉冲 DC 的 RCD 划归为 A 型。

近年来已经开发了 RCBO（带过流操作的参与电流断路器），该装置在同样的机箱里结合了 MCB 和 RCD 功能，主要用于客服单元和配电盒内的模块设计。这种装置一般结合了 30 mA（G）RCD 和过流范围为 6 A、10 A、16 A、20 A、32 A、40 A 的 MCB 功能。在国际标准（IEC 1009）中，根据灵敏度 RCBO 也分为 AC 型或 AC+ 脉冲 DC 型。

因为 RCBO 在 MCB 一侧含有热操作方式，该装置也受到环境温度的影响，在火灾中受热时即使没有电的情况下也能触发。发现火灾后 RCBO 处于关闭状态可能是由于以下三个原因中的一个：触发，温度升高引起的操作，火灾（之前或之后）断电所致。

电弧故障保护
保险丝、MCB 和 RCD 可以清楚地保护电路不受过载、短路或

其他故障影响，但是撰写本书时英国似乎还没有在串联电阻故障或串联电弧（见下文）发生时切断电路的装置。一旦电弧出现，能烧毁供电并产生射频干扰，这在附近手提式无线电设备中很容易检测到。用手提无线电设备可以在火灾形成之前帮助检测到不当的连接，但是无法防止电弧形成。美国正在研发电弧线故障断路器，公众已经可以得到设备的早期版本，但还需要一定时间开发才能达到有足够灵敏度，可以定位安装中的故障，并从其他地方排除电源干扰的阶段。

可能起火的故障

因电故障起火有许多方式，但是发生火灾还必须满足其他标准。点燃的火柴不能直接引燃木质结构，同样地，短路或短时间的电弧产生的瞬时高温也不能点燃散装材料。如果已经有助燃剂产生可燃蒸气，或者相关热效应产生足够的裂解产物，就可能产生能够维持燃烧的火。如果故障地方有厚厚的可燃粉尘、木屑、纸或类似残留物等可燃细碎材料，突发的故障可能引燃这些材料。如果在中继盒或接线盒内发生故障，可能没有足够的空气支持长时间的燃烧。无论发生哪种故障，都必须有足够分散的易燃材料，并有足够的氧气支持燃烧的持续进行。

可能造成火灾的主要故障是接线盒和电弧。火也可能是通过追踪或杂散电流经过建筑材料上破损绝缘材料导致，特别是在建筑材料潮湿的情况下。在有些情况下，配电系统中其他地方的主要系统故障也能导致连接的其他用户起火。

应该注意的是，虽然过热连接能引起电路问题，但连接仍应该在某类配电盒内。因此，大多数环形连接连着终端插座、直接连接或通过保险丝接入其他回路分线盒。在有缺陷的连接线路周围装上外罩可以防止水或可燃残留物的进入。如果火灾被认为是因为这样的连接导致，其位置和损坏程度应该写入火灾原因记录中。许多过热连接本身只烧毁断开电路，不产生火灾。

短路

当两个不同电位的导体接近，相互接触就会发生短路。两个导体如果电位差较大，有足够电流，其他部分电路的电阻比较小，就会有很大的电流通过接触点。由于接触点面积一般相对比较小，电路中大部分电功率就会消耗在小的接触点相对高的电阻上，这会导致接触点金属受热熔化、溅散，同时产生电弧。同时看到的是伴随从接触点产生耀眼的火花，会突然产生电弧。这种现象通常还伴随"砰"的声响。故障电流通常很大，以至于熔断线路上一个或多个的保险丝，然后故障电流中断。在正常的线路中，配线的总电阻可能远远低于 1 Ω，因此火线和零线之间的短路电流可能在数百安培。事实上这可能导致故障期间短路线路中功率耗散达到 100 kW，这些功率大部分产生于短路接触点。如果短路持续半个供电周期（1/100 s），就等于在线路中快速释放出 1000 J 的热量。

接地导体的电阻也应该很小，所以火线对地线之间的短路电流才会在类似的时间内熔断保险丝。火线和零线或地线短路可能瞬时释放出大量能量，故障电流可能很快熔断保险丝、MCB、RCD，虽不至于引燃大宗材料，但是却可能引燃易燃材料或一定浓度的可燃蒸气。

电缆一般不会短路，如果短路了保险丝很可能已经熔断。有可能是用外部金属连接两个导体，如将锯子、刀子、电钻扎入电缆造成接触短路（见图 3.12）。还要考虑沿电缆的一些地方同时发生短路的可能性，有可能是除掉足够长度电缆绝缘暴露了导体，然后有外力向导体靠近（否则导体将保持在原来位置）。这可能发生在电缆过载时，此时导体上的绝缘被热熔化，导体热膨胀发生接触，或者在火灾中重力、拉力以及建筑结构坍塌可能导致暴露的导线接触。

面对作为火灾原因的常见的烧毁电缆的电活动迹象（短路、电弧等），侦查人员应该问问自己：哪段电缆，应该在哪里，同时短路的依据是什么，是否确实是发生火灾的原因，绝缘是否损坏得足够厉害，导体是如何接近的，现场是什么易燃材料或蒸气被点燃的，如果在此地发生故障其情况会有什么不同呢？如果电缆拖线在一个地方偶然发生物理损伤，或者拖线因某种原因造成导线断裂，都会引起跳火短路（短路后导体的形貌见后文的讨论）。

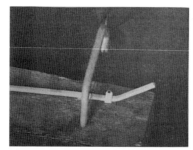

图 3.12　锯子切断电缆产生短路（照片由 APU 和 LFB 提供）

常有人提出在电缆上出现电弧是导致火灾的另一种情况。这也很难看出为什么会同时发生这样的情况。即使电缆绝缘破损，导体离得很远也不会发生电弧，除非其他因素（如水浸入）起了作用。贝兰[3]发现，室温下低于 350 V 电弧实际上不可能发生，除非导线靠得很近并发生了短暂的接触后又分开。他发现由于有坚硬的绝缘，旧式电缆难以产生电弧，但是老化的电缆除外，而在 400℃左右过火电缆或受电热的电缆则容易发生电弧。

过载和过熔断

有时发生电缆过载，会在电缆受损部位烧毁或短路。正如前面叙述的，当供电电流很大，拖线如果没有解开可能会严重过热。在带有合适保险丝或断电器的固定配电线路中，因过载起火的危险应该很小。笔者在所做的实验中发现，正常空气中在发生严重过热之前，电缆可以过载达到三倍定额，温度达到危险水平需要数分钟。如果线路中有合适定额的保险丝或 MCB，这些器件将会在这个时间内起作用。

IEE 布线规程要求保险丝定额不低于线路的设计电流，不超过配线的最大安装容量。在英国广泛使用的辐射状或环状供电的 2.5 mm² T&E 电缆中，最大负载电流为 27 A。如果使用的是辐射状线路（单电缆供电），最大的保险丝应该使用 25 A。超过 80 A（大约为三倍过载）的电流将 2.5 mm² 电缆加热到过高温度致使绝缘层熔化需要数分钟。参考保险丝性能曲线（IEE 布线规程），对于 BS88 的 25 A 保险丝在这个电流下应该可以操作大约 20 s。

如果 2.5 mm² 电缆在所说的 32 A（BS88）（或者在一侧线路错误连接的环形供电中）保险丝条件下，80 A 的电流过载可维持大约 60 s。因此，可以看到过载熔断只是线路严重过载时的问题。

正如前面显示的，如果电缆过载，电缆中的热效应在全部电缆上相同，除非经过不同绝热区，否则过热性质在全段上是相同的。在提出过载为火灾原因的地方，有些地段的电缆有火但是电缆绝缘损坏最小，这应该显示了极端过载（见后文讨论）。一般来说，送到侦查实验室的嫌疑电缆只显示了烧坏区域边缘绝缘材料受损的过热效应，不会显示没有被火损坏的绝缘材料的过热效应。在这种情况下，说没有过载证据可能是没有阐述到位。到位的阐述是有证据显示电缆没有过载。

电阻热

这个术语通常用于描述电导体接触不良的效应。这可能是由于终端螺丝松动或者使用的铜线上面有漆。接触不良产生比正常线路稍高的电阻，设计有保险丝的线路中，正常电流下要克服这些电阻在连接处产生热量。在一段时间内，产生的高温会导致其进一步氧化，连接变差，有些情况下会产生明显连续打火。许多研究关注这一现象，曾经在这些区域测量到1250℃的温度[7]。另外，连接不良可能导致逐渐过热烧毁，或者使周围材料热裂解起火。之后，接触点可能部分融化，产生一小段间隙，缝隙间产生电弧（见"直弧"）。因为线路负载为正常电流，所以，电路保护装置不会检测到这种故障。如果在某些绝缘体中发生这种故障，热效应可能在相线和零线之间留下痕迹，并且导致火灾。

图3.13中的供电保险丝偶尔会产生电阻热，显示出典型的熔化金属的直弧。

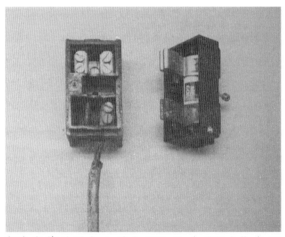

图3.13 家庭安装的供电公司主保险丝（"断电"）因一端保险丝架和保险丝容器接触不良产生过热效应（照片由特威贝尔提供）

直弧（in-line arcing）

直弧是承载电流的导体被小的间隙断开时所发生的作用。如果隔离间隙足够小，电流会通过产生跨越间隙的电弧而保持。电弧超热（在 3500℃量级），容易熔化和热裂解周围的绝缘材料。来自橡胶或 PVC 绝缘的热裂解产物很容易被电弧点燃，也可以产生闷烧，点燃附近纤维素织物。和电阻热情况一样，流过正常电流的线路保护系统仍工作正常，不会检测到这样的故障。

在使用 UDF（家用万能软线）的电熨斗中经常可以看到直弧作用。在使用电熨斗过程中，软线被拖来拖去，拖拽最多的地方是软线进入电熨斗的把手橡胶套处，有时在插头处，电源关掉后常常会自动熄灭。住户常常困惑于保险丝没有熔断、电流没有过载、附近导线绝缘没有过火，但是为什么还是发生了短路。

通风橱火灾

许多火灾发生在通风橱，常常和浸入式加热器有关。浸入式加热器的定额通常为 3 kW，这意味着工作电流为 13 A。耐热软线从开关盒上接入加热罐。家庭成员常常在通风橱中放入很多布，经常影响到软线，这可能导致软线连接把手松动，一段时间后连接损坏。经常有音响和高电流、高水平热绝缘及可燃材料使得这些地方特别容易起火。因为这些地方常常是不禁烟火的，有缓慢引起火灾的必要条件。

电热毯火灾

室内火灾中最常遇到的直弧实例很可能是由电热毯引起的床上火灾。这可能由于经常拖拽加热元件塑料插销内的细软线，最终使其离开位置引发直弧。笔者曾经调查过许多起电热毯火灾，床上的人可能关掉了电热毯或者拔了插座，但是不知道闷烧已经发生。图 3.14 显示了致命火灾现场的电热毯线。这场火灾中一位老人被烧死在她的平房里，房子内被火灾烧毁的只有床、老妇人和床上用品，她裹着几片睡衣努力爬到厨房，跌倒并死在角落里。她不吸烟，照片显示了电热毯软线和插座头的烟痕，说明烟火扑灭期间导线已经被拔掉了。一般规律是如果显示电路或电器在火灾中电源是关掉或拔掉的，就可以排除电是火灾原因，而电热毯是最明显的例外。

图 3.14　电热毯床上火灾

注：移出电热毯母线以显示烟痕，展现在火灾的后期母线被拔出（照片由特威贝尔提供）。

循迹（Tracking）

在某些条件下，一些其他有效绝缘材料受到高压容易损坏，热固性塑料（如酚醛树脂）就特别容易损坏。当这些材料在供电（特别是高压输电）中用于隔离终端，可能发生击穿。这常常发生在潮湿条件下，此时在材料表面凝结一层薄薄的冰，允许小的漏电流通过终端。虽然这个电流的热效应趋于烘干水分断开电流，但是也可能损坏塑料表面，材料热裂解留下薄薄的部分导电的炭通道。电流流过薄薄的炭导致塑料更多的分解，产生更好的炭通道和更大的电流。虽然循迹实际发生需要数周、数月甚至数年，但一旦形成良好的通道，过程就会迅速恶化，直到产生大的电流通过损坏的材料。这样的电流经常伴随在部分或大部分损坏通道内产生电弧。起初故障电流受烧焦材料电阻限制，但是随着电弧的形成电流增强，最终烧毁故障通路，故障电流中断，或者达到线路中保险丝熔断的水平。在上述情况下，电弧可能引燃产生的热裂解气体，或者明火点燃附近易燃材料或引起这些材料的闷烧。

循迹也可能在有缺陷的连接内由电阻热或直弧引起。如果过热连接被不同电位的另外连接的绝缘隔开，产生的热可能最终在两个导体之间形成导电通道。

进电故障

击穿偶尔发生在供电公司的设备内，或者发生在连接进出线的电表塑料底座内，或者在结合零线和火线熔断的保险丝装置内。常常可以看到故障来自保险丝触脚和插孔之间过热的不良接触（见图 3.13）。这可能导致接入的安装设施完全烧毁，还可能引燃附件材料。在三相供电中，一个保险丝插座的不良接触可能导致邻近保险丝的一个或两个插座击穿，还可能导致所有涉及的三相供电装置烧毁，并伴随断电。在有些情况下，一相或两相电仍可能保持连接，这可能对粗心的居民或调查人员产生危险。

任何明显来自电摄入或电表安装的火灾都应该封闭检查。如果将电表接入旁路以获得非法供电，可能会使用尖锐的探头插入电表或熔断保险丝连接。类似的黑箱装置普遍用于 20 世纪 80 年代以后的风力电表中，将大功率探头插入这些电表的任意一条相线，反复使用这些探头可能致使连接松动，更容易产生电阻热。在其他情况下，旁路或黑箱可能也会过热发生火灾。

高电阻故障和杂散电流

大多数建筑物结构材料对杂散电流的电阻都很高，但是变潮后电阻会大幅下降。木材在干燥时绝缘性相当好，但是潮湿时容易导电。图 3.15 显示了一个实验的幻灯片，230 V 电源连接一根湿木头，大约 0.4 A 电流流过了木材的潮湿表面。最值得注意的是实验期间木材表面产生了小电弧，这可以通过静态照片的小闪光看到。电流在 1 min 左右使水沸腾从木材上蒸发掉，更多的水分根据需要补充上来。随着实验的进行，许多木材在击穿过程中焦化，偶尔会有火焰从烧焦木材深处冒出来。

有几起火灾是通过湿木材导电引起的。20 世纪 80 年代有一起湿木材导电的案例，后面将会说到。包括一根接地铜水管、一根平行的供电电缆，沿着一小段隔离刨花板排列，电缆用电缆钉固定，电缆钉扎入电缆接触了火线。在刨花板干燥时线路相当稳定。在临近火灾前的某个时段管道上发生了漏水，刨花板潮湿了。当水进入水管和电缆火线钉之间的刨花板，经过湿刨花板的导电引燃了材料。应该注意的是，实验室定期加水维持电流和木材的损坏，直到损坏自动维持，在这种情况下正是源源不断从水管上渗出的水引起了火灾。

图 3.15　230 V AC 通过湿地板的拖线

注：在湿地板上可以看到小电弧。黑色区域显示已经产生了木材的炭化（照片由 APU 和 LFB 提供）。

老的长霉菌的木梁通常具有较高的导电性。其他建筑材料在某些条件下可能具有类似的导电性，但是故障不至于直接导致火灾。许多建筑物内的纺织品在潮湿的空气中吸水，在干燥的条件下失水，因此导电性随天气条件或湿度升降而变化。所以，这类故障可能多发生在夏季，但是不发生天气变化则不会发生火灾。这样的故障如果没有绝缘的火线接触建筑物内的纺织品，在正常的情况下一般不会发生。如果线路中有 RCD，在有显著的电流之前 RCD 会自动断开故障部分的电路。

零地故障

虽然次级变电站变压器的零线在次级变电站是接在地线上的，但是特定家庭供电接入住房处的零线可能比地线高出几伏特。图3.16 中的情况简单的解释可以从下面的例子中看到。将供电分配到许多客户的供电电缆具有有限的电阻，这使得每段导线之间有电压降差。假设图 3.16 中进入用户 3 线路上（如 40 A）的总功耗大约为 10 kW，从次级变电站到用户 1 经过零线电缆的 40 A 线路产生的电压降为 $40 \times 0.2 = 8$ V（V=IR），因此，用户 1 供电零线比地线电位高出大约 8 V。类似地，用户 3 零线高出地线 16 V。在房子里地线和零线导线之间有可以测量的电压存在，这将会通过其他客户的配电加到共用零线的其他相线上。为了避免产生过高的零地电位，供电公司可能会在每个客户房子外面将零线和地线相接，这样的安装有时叫作保护性多点接地（Protective Multiple Earth，PME）。

几伏特的零—地线电位可能造成两种导线之间有数安培的电流，如果在零—地线之间接入手电筒，小电珠就可以被点亮。很明显，如果两种导线不能充分绝缘，一些低电阻材料（如配线废料、金属废料或类似材料）就可能成为两种导线之间的桥线，进而导致火灾，但是只有合适的可燃材料存在于此处才能发生火灾。

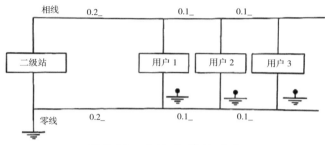

图 3.16　中地电势的产生

电火花和电弧

虽然二者截然不同，但是"电火花"和"电弧"两种术语还是常常交替使用。"电火花"用于描述通过空气或气体的短时间放电和高温耀眼颗粒。这些颗粒可能是摩擦作用形成的（如火石或钢的影响），或者可能是高温电故障（如短路）形成的。电火花是短时间不同电位的两个物体间隙之间发生的放电作用。电位差足够大，对干燥空气达到 30000 V/cm 量级，可以克服空气绝缘电阻。当超过击穿电压，间隔中的空气电离就会产生电流，从而看到高温放电。电火花发出一系列电磁辐射，包括光、热、射频干扰以及爆炸性热效应，产生听得到的声音。电火花通常持续很短时间（不到 1 s），足以造成两个放电物体电位均衡。静电火花是由两个不相似物质摩擦产生，持续时间很短，能量低，根据情况和规模而不同。可以看到的极端情况是闪电，在云中因空气移动而累积大量电荷，数百万伏电压产生电火花，可能有上万米长、数万安培电流。

电弧主要是连续的火花，间隙之间的通电持续时间比短暂性质的电火花长得多。如果带电线路中的接触点被慢慢移开，分开时形成跨越缝隙间的电压，可能足以在缝隙间产生空气噪音、产生电火花形式的导电。假如间隔距离保持很小，持续的电位将会使电火花维持而产生电弧。在交流线路中，跨越缝隙的电压通过零点每秒反转 100 次（50 Hz），有效地阻止了电弧。但是在交流电周期内，如果距离不大，每次可以再产生电弧，以至于跨越缝隙间的电压不断积累，结果是形成持续的电弧，直到间隔距离的增加超过维持的极限或者供电断开。

电火花或电弧温度很高，远远超过 1000℃，但是电火花的瞬时性意味着不会放出很多能量。点燃空气中的可燃气体或蒸气需要最小能量值，一些电火花可能不够所需的能量值。很明显，电弧可以释放出大量的能量，在电弧点产生很高的温度，从而引燃许多混合气体，甚至空气与细小粉尘混合物。根据不同情况，电弧能够热裂解附近的材料，点燃裂解的气体产物。

当绝缘破损时配线中可以产生电弧，但是常温下还需要其他影响条件，如湿气侵入。如果湿气挥发，电弧也会停止。如果电路过载或火灾中受热导致线路绝缘破损，那么电弧容易产生较高的温度 [3]，似乎燃烧产物比空气更容易电离（见"燃烧木材引起的循迹／通过焦炭循迹"）。

电弧引燃气体和蒸气

如果在间隙中可燃气体和蒸气与空气以正确的比例混合，电弧和许多电火花就具有足够能量引燃可燃气体和蒸气。燃料可能是已经存在的溢出气体或高度挥发性的助燃剂，如扩散的汽油等。现在有许多纵火犯点燃房子里或人周围的汽油，被抓后他们常常承认撒了汽油，但是声称实际不是他们点燃的，而是由于事故，是静电或其他电火花引燃的。笔者曾经调查过数起这样的案例，大多数调查直接证明没有在现场偶然引燃汽油蒸气的方法。一个人将汽油浇到建筑物上，如果他们自己带静电（如走在合成地毯上，然后接触金属接地物体）可能烧到自己。如果没有这样的金属物体，电荷只可能会流到引燃物的附近，也可能是远处的物体。另一种可能是他们用手关掉或打开过电灯开关。对我来说这还不是引燃的原因，因为和空气以正确的比例混合的汽油蒸气一定要进入开关，虽然一般的电灯开关不是静电安全的，但是手上的汽油扩散到开关接触点，并达到正确的比例却需要时间。

随着建筑物内大面积汽油扩散，有人不经意合上开关，或存在静电，或电冰箱、冰柜不经意地启动机械操作，蒸气就有可能被引燃。汽油蒸气密度比空气大得多，和空气混合比较慢，容易从低浓度开始积累。如果被照明开关引燃，可能有大量可燃混合物聚集，产生大的爆炸。在笔者调查的几起案件中，就有汽油从建筑物中有冰箱或冰柜的厨房或设备间等地方扩散出来。同样，如果汽油蒸气混合物达到足以引燃机动车的浓度，其他地方还有可燃混合物，结果可能引起低浓度爆炸。

大多数冰箱和冰柜有固定在电机或压缩机腔体一侧的接触器。无论冰箱何时启动，接触器快速切进切出，以便给电机二级线圈提供短暂的启动供电，给电机足够的冲击以克服压缩机电阻启动。接触器操作肯定会产生电火花。如果可燃气体或蒸气（混合时间长度合适）出现在存在接触器的地方，就会被引燃。冰箱和冰柜一个讨厌的特性是在压缩机单元和接触器处常常比较油腻，吸附了灰尘和大量绒毛、纤维（见图 3.17），可用以检验确定是否有烧焦的迹象，这可能是引燃可燃气体造成的。

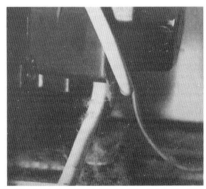

图 3.17　冰箱压缩机启动接触器附近典型的绒毛积累
（照片由特威贝尔提供）

零线连接缺失

偶然情况下，回到二级站的零线可能断了或烧毁了。在有些实例中，系统保养后可能没有连接零线。在三相电系统中，这不会造成供电完全中断，因为三相电是通过连在一起的不同客户负载相互连接的，图 3.18 显示了这种情况。随着连接二级站变压器中心点破损，三相电间的中路零线没有东西稳定。如果不再接地，将会在地线以上某个电压漂移，根据客户接通或切断不同相线的不同负载，这个电压介于三相之间的某个位置。如果保持接入地线，三相电位将通过同样的作用相对于接地零线变化。两种方法在正常 230 V 公差内供电都没有稳定性。如果一相负载很大，通过零线接到另一相一个很小的负载，配电电压将会有一个无法校正的不平衡。在负载很大的相电上的客户将会看到很低的电压，而负载很低的相电上的客户将会看到很高的供电电压。这个高的电压很可能运行过度而烧毁白炽灯，造成小型电器过热起火。笔者曾经接到发生在工厂的这样的故障通知，造成了房子内许多紧急照明单元起火。

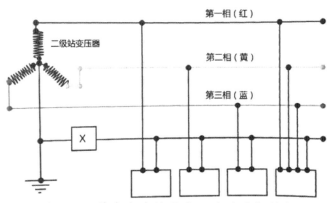

图 3.18　带有未连接零线回路的局部供电

注：电流从一个相线流向不同用户的相线，为连接零线。没有将零线接回次级电站，每个用户的电压不会稳定。

电器的误用

许多火灾由误用电器设备而不是真正的电器故障引起。很清楚，如果容易闷烧的材料靠热的物体太近，就可能造成电器故障或火灾。温莎城堡火灾是由热的卤素灯靠近帘子引起的。虽然可能没有达到高温卤素灯的温度，但普通白炽灯也能够使材料闷烧。在笔者调查的一个案子中，杨氏罪犯研究所的一堆橡胶运动垫子上发生了火灾，怀疑有人纵火，但火是从一个人足以进得去的储存柜中垫子堆高处引起的。柜中垫子几乎堆到天花板高度，将白炽灯向上推向天花板。燃烧模式显示，火灾时开关是开着的，但是在救火中灯管破裂了。用不同大小的灯泡对橡胶垫子进行实验，显示 60 W 以上灯泡接触垫子上的泡沫橡胶就能够引起闷烧。

很明显，如果油沸腾，重的油蒸气或油能够溅出锅的边缘进入炉火，在煤气炉上的煎锅就可能失火。但是，在无明火的电炉上着火比较少。烹调油的自动着火温度在 450℃量级。笔者在无明火电热板炉子上所做的实验中发现，菜油着火发生在油温低于 420℃时，但不是总会起火。着火不是确定发生，是否发生取决于当时的相关情况。但是许多致命火灾调查涉及醉汉和煎锅，足以证明这种火灾频繁发生。

许多火灾是由误用电器引起的，特别是加热器。用电加热器烤干衣服是多年以来的问题。用纤维素织物或纸张覆盖对流式加热器能够引起火灾，因为这些物质的自燃温度很低。除非加热器是现代款，现代款加热器有热断路器以保护元件防止其过热，这个级别的温度在覆盖的加热器上很短的时间内就会达到。

很清楚，辐射条电加热器是危险的物体，如果衣服放得太靠近，纤维素材料掉到前保护网上可能引起火灾。如果这样的加热器被撞翻了面朝下倒在地毯或木地板上，几分钟就能引起火灾。

错误的归结原因

未受到培训的调查人员常常对许多情况和所见做出错误的解释，如前面讨论的，最常见的是接近或经过火场被部分烧毁或者出现"电弧"损伤、"短路"损伤等电活动的电缆。多年来笔者检验过许多送到实验室的这种电缆，即使不是全部，但大多数都能排除是火灾的原因。发现其作用通常是火烧过电缆产生严重的电弧或短路，只能说明火灾发生时电缆上有电。电缆上电活动的迹象可能是由于短路或者由于通过炭焦发生电弧/击穿。

燃烧木材引起的循迹/通过焦炭循迹

火灾时类似击穿的作用经常发生，这是火灾的结果而不是原因。如果绝缘材料被烧毁的电缆还在通电就可能接触并烧焦木器，在火焰燃烧产生炭焦的地方突然产生电弧，图 3.19 说明了这一现象。这样的电弧在扑灭前可能维持不到 1 s 或者数秒。导线间的距离通常比空气中支撑稳定电弧的距离要大得多，很清楚是炭焦的低电阻支撑了电弧，形成了部分短路。根据电流和持续的时间，短路作用可能燃烧部分导线，造成其熔化或分离。如果分离，常常在暴露端形成较大的火球。除非导线实际接触，这种作用和短路有很大不同，因此电弧电流由于炭焦电阻而限于某种程度。所以，电流可能不足以快速熔断保险丝，在供电断开之前线路上相同或不同的点可能发生几起这样的炭焦电弧。由于在这些电弧作用期间的功率耗散，在这个现象中熔化的铜可能比典型的充分短路时产生的要多得多。现场导线熔化的现象可能误导没有接受过培训的观察者。

图 3.19　通过焦炭的电弧

注：被喷灯加热的木块和在木炭表面加了 230 V 电缆，接触之时突然产生巨大的电弧（照片由 APU 和 LFB 提供）。

导线损坏和绝缘老化

曾经有人提出火灾是因电缆线在某点损坏引起，可能是被人用刀切断了一部分，或者在拉线路时把电缆拉断了，或拉得太紧拉断了。贝兰在加拿大进行了这种情况的实验。他发现电缆小破损点局部热效应容易被电线相邻部分抑制，即便多股电缆的很多股被切断所产生的热效应很大。他还发现在断裂前铜导线截面积因拉伸可以减小 20%，并且会造成温度大约上升至拉伸前电缆的 1.2 倍。他最后得出的结论是导线过热危险只可能发生在实际中不可能遇到的最极端条件下，导线损坏引起火灾有点夸大其词[8]。艾特林[21]发现了类似情况。

旧的配线偶尔被指为火灾的原因，但是这可能只是因素之一而不是直接原因。即使绝缘变脆剥落，导线应该还被良好地保持隔离，除非有其他因素。因此，如果有外力作用将导线挤到一起，或电缆被弄潮，才会产生故障。贝兰在实验中发现，旧电缆绝缘脆化在正常温度下比现在的配线并不更容易产生电弧。在没有其他证据的情况下，不能把旧电缆直接归结为火灾的原因。

过熔断

偶尔有人向我提出，火灾是因房主将太大额定的保险丝放进保险丝盒，甚至有一个案例使用发夹，还有一个案例使用钉子代替保险丝。这些案例中，没有一个案例表明这些是火灾的直接原因，应该是过熔断线路发生故障才引起火灾。检查嫌疑线路上的电缆，通常显示线路没有过载。

电的现场检验

确保用电安全

在火灾现场必须特别强调电的危险性。调查人员作业时必须知道已正确切断供电，而且在检查期间不会有人将供电再接通，这非常重要。《1989 电工规程》可用于用电、有电和可能发生用电危险的任何环境；当然，也可用于没有供电隔离的场合。此规程中的第 3 条规定了任何雇员、雇主和人员应遵守的职责。

在室内火灾中大部分建筑物会保留下来，消防员通常会关掉电源（他们常常也会关掉用户单元全部 MCB，这对检验是不利的）。如果供电公司的入户电缆损坏，公司可能已经派人切断街上的电源。重要的是，调查人员在开始调查前应当自己去检查开关位置，采取正确的操作。如果入户电缆没有损坏，还有供电，就要取下保险丝（贴上保留标签用于后面可能的检验），更换保险丝盒子里的空架子，盖住别的暴露终端。

《1989 电工规程》的第 13 条规定了关于"操作停止运行设备的注意事项"，应该足够小心，防止操作期间设备再通电。如果入户电缆火线受损，应该联系供电公司保证安全。可能要在入户火线周围作业，但是在供电处作业的危险应该是显而易见的，你和死亡之间只有 300 A 二级站保险丝。

对应地，该规程的第 14 条规定，在火线导线附近作业时，如果供电不明就里地坏掉，多与不愿退出的情况有关。该规程的第19条是防止个人犯罪的规定，证明其采取了所有合理的步骤，并努力练习避免犯罪。规程的第15条是关于电气危险时保持足够作业空间、正确接近方法和照明的规定，这在现场勘查中需要引起注意。规程的第16条规定了在这样的条件下，操作所需要的技术知识、经验或指导的程度。因此，根据《1989电工规程》，如果你负责案件调查，需要你自己和他人在危险的电气环境下作业遵守规程，如果发生问题可以得到可靠的保护。

大的房子（如工厂、学校、办公室等）会有不同的问题，火灾发生时常常只有部分房子被烧掉，当班的技术人员或承包人会被叫来在适当的地方断开电源，这通常是在未受损的隔离带、开关面板和保险丝板处。工厂会因生产压力而不停工，因此需要尽可能早地恢复未受电力供应状态影响的地方的供电，这些地方的供电可能因火灾损毁而中断。特别危险的是，一些技术人员或妇女不知道该处在调查，还试图向受影响的线路供电，无意中会接通受调查地方的电源。因此，隔离一定的道路，保证无人能够进入开关室接通供电非常重要。如果这种情况可能存在，就必须在合适的配电箱上有足够的安全警示，如有必要需用一些方法临时锁住开关柜。

测试仪器及其应用

调查人员除了携带常规设备外，还有必要携带下列设备：

● 电压测试棒或笔式（非接触）探测器。通过惰性绝缘体指示火线的存在。必须在勘查现场当天测试，定期更换电池。

● 绝缘良好的 AC/DC 自动量程氖测试仪或测试表。这样的设备（当连接于导线和安全地线或零线之间）可以确认存在危险电压。这可以解决操作人员不小心用 DC 挡测试 AC 电源读数为零的问题。

● 带电源和高压挡与低电阻量程的万用电表（AC 和 DC）。

● 自动连续检查器（或者在万用电表上）。

- 地线线圈电阻测试器，在有些现场需要用 RCD 测试仪。

- 有效绝缘的螺丝刀、钳子、地线切割器及其他工具。

- 用于打开室外电表箱的三角钥匙或诸如此类的工具。

调查人员应熟悉测试仪器，知道其局限和给出错误读数的可能性很重要。现代数字电压表输入阻抗值很高，能够显示在一些情况下电压明显很高。如果是杂散电压，可能构成电流数值很小（微安）的电路，人很可能不会感受到任何事情，并且用低阻抗电表测量，电压读数可能降到表观 0 值。调查人员必须能够分清这种无害的杂散电压和发生火灾故障引起的致命的高压。

连续性测试器在低电阻量程范围（可能高达 80 Ω 左右）产生可观的反应，甚至不用直接接触，通过灯泡灯丝或低电阻电气设备就会产生连续性反应。如果测试器接到开关接触点，而且至少一个终端没有从线路上断开（见"照明开关"）就会产生误读。所以，测试前保险丝必须从线路上断开。如果一只在现场过火的13A 插座上的保险丝没有从插座上拔下来，或者至少插座从插孔上取下来，断开与其他线路的连接，或者因火灾引起短路，就不能正确测试。在断开或从线路上除去物体前，其他证据材料的影响也要考虑。

电缆或电器测试

如果电器测试在现场（或实验室）进行，开始要用低压测试设备。绝缘电阻测试器或类似的高压测试设备不应该不加区分地用于绝缘损坏测试。这种仪器对绝缘使用高压（通常 500 V 以上）测试，几乎可以肯定的是，如果绝缘在供电断开后被火严重毁坏，使用这样的测试设备会破坏绝缘，产生低的读数。这应该成为现场详细检验程序的一部分。在许多火灾中，可能会看到燃烧过的电线在低压下有足够的绝缘，但是加上高电压就坏了，用低电阻计测试会给出很低的电阻。如果发生这样的事情，必须清楚火灾最终对绝缘的损坏是在电源断开之后。

现场检验

调查人员要用火灾调查知识推导出起火点并确定电缆、电器及其他物体的位置，以确定电器故障是否为火灾原因。总的来说，如果有证据显示发生火灾时电缆或电器没有通电，电器故障就不是火灾原因。正如之前讨论过的，这条规则唯一一例外的是电热毯。即使原因明显是故意纵火也要仔细检验，这很重要。即使现场撒了汽油作为助燃剂，确定是否有偶然起火的原因也很重要。

检查起火点（火灾损失最严重的地方）或可能的火源时，调查人员一定要全面调查现场各个方面，而不是只集中于电器。要仔细检查火场中心的用电设备、电缆软线、电器，以排除或确定后面的物证采集和实验室检验。要仔细检查起火区上方任何灯具、环形供电电缆，看是否有电流活动的迹象，如果有就必须采集。细心地检查配线，也许那里会显示典型的火烤特征，有的火灾中熔化的导线和通过炭焦引起的电弧不一定是火灾原因。重要的是，应该将引起火灾的可能性考虑、排除等写到现场勘查笔记中。

应该取下接受调查的最后线路中的保险丝，现场进行连续性测试，如果需要也可提取到实验室检验（见"测试仪器及其应用"）。附近电器插座上的其他保险丝对显示火灾时是否供电很重要。同样线路上的上溯保险丝也应测试，如果需要也要采集。从现场检查可以很清楚地知道涉及的熔断的插拔式保险丝是否严重受热，这有助于后续的判断。这样的调查明显的缺点是保险丝（无论哪种类型）可能在火灾前已经熔断（或者 MCB 已经触动）。调查人员将不得不从目击者处获得火灾前的状态信息，这有可能不可靠。可更换的保险丝在火灾时可能已经熔断或者仍然完好，保险丝架或槽位上的铜喷溅沉积物可能是以前发生的。

有些时候早前的调查人员提出火灾可能源自电器开关装置，可能是因为线路接触生硬，或者是装置被击穿了。现场勘查时应该简单地检查一下开关装置，有必要时可以提取并送到实验室进行检验，但从更大的方面考虑可能会忽略这个提议。

电气设备

现代的电视机、收音机等都很安全，相比早先的机器不容易失火，但是这些电器设备、相关或类似的机器（如录像机、卫星解码器、电脑等）数量在家庭或办公室迅速增长。这些设备大多没人注意，多是用软线接电，一直处于待机模式。检查插拔式保险丝可能会发现，在火灾到达该电器设备或其软线烧毁其他电子设备开关电源之前这个设备还完好无损。一方面，火灾对这些设备造成的损坏可能很重，以至于所有可燃材料或原件已经损坏。这种情况下，从电源来看唯一可以见到的是电活动迹象，表明火灾发生时这些设备是通电的。另一方面，火灾损害可能很小，以至于再接通该设备还显示功能正常。

检查的主要设备可能介于这些极端之间，可能功能损坏厉害但是也没有完全烧毁。电子设备（如收音机、电视、录像机、立体音响等）有塑料壳，在火灾中会完全烧毁。火灾发生的方向通常可以从这些电器的塑料溶蜡流淌的方向看出。如果这些电器在火灾中倒塌，火灾方向应该和塑料溶蜡流淌的方向相同。

电器外部火灾起于直接的热作用，后面可能因为火势蔓延而失控。塑料壳通常向火的方向坍塌到内部原件上。如果设备本身塑料壳没有点燃，结果通常比较特殊。在时间不长的火灾中，内部电子器件可能被熔化的塑料密封并保存下来。但是，如果由于内部故障设备起火可能会在外壳上烧出孔洞，然后附近的塑料才在孔洞的周围坍塌下来。产生的火可能蔓延，烧掉壳体甚至房间内其他电器。如果内部的火烧掉设备，残留物的外观可能和外部的火烧毁设备类似，检验人员不得不依赖其他特征，如局部燃烧模式、电源外接线、插头、插座和保险丝等去判断。常常有人抱怨火灾是由电视机或音响设备引起，但是后来发现这些设备开关已经关掉或从墙上的插座上拔下来了。内部电源开关状态可以提供有用的信息，而电子设备内部电源保险丝可能不会提供可靠的信息。

受损的组件，如电机、气门、变压器等，都含有较多具有较大热容量的铁片。外部火灾对设备的损坏一般始于局部，再发展到线圈。大量的铁开始起到热容器的作用，免于线圈等其他部件受热。这不同于线圈故障引起的内部受热作用，线圈故障产生的热量在故障线圈中不均匀，易导致整个组件瘫痪。长时间的外部加热将最终渗透到电路绕组内，加热铁芯，导致元件类似于一致受热（可对烧得不厉害的电器进行电气实验，但是这样的实验超出了本书的讨论范围）。电机带有转子和轴承，能够被烘干和黏附住。很明显，应该检查电机转动是否自由，火灾的热量可能烘干轴承，许多轴承腔是由软合金熔化铸造的。

过火导线的电活动迹象

在火灾中需要检验作为线路一部分的导线的电活动迹象。完全解释导线的损伤很困难，下面的几点具有指导意义。出现熔化或发生过电弧的导线外观可能因为产生的情况不同而有很大差异，因此火灾后续的受热更加令人困惑。

大多数情况下，由于火通过通电的电缆，结果在两根导线的同一点有较小部分熔化，而同一电缆中的第三根导线可能没有受到影响。短路线路在保险丝熔断前只有很短的时间，短路后导线的外观与短路发生时的配电线路布局有关。如果短路发生在最终端的线路，能量的耗散和产生的作用没有发生在较前部分的短路更典型。在最末端的线路中，电缆、软线和后面线路保险丝的电阻降低了电流，较小定额的保险丝将会稍早地切断线路，导致故障。

典型的短路线路结果是，紧靠故障点上面的导线能够清楚显示原来的拉伸痕迹。一根导线会显示平滑的挖凿痕迹，而另一根导线会在对应位置显示熔化的铜。多根导线会在一根或少数几根上受损，而其他导线保持原来的无损状态。在有些实例中，熔化的铜会出现在同样位置的两端。常常是一根导线被短路严重损毁。在笔者实验设计的许多线路的短路中，保持自由的导线中供电端被严重损毁，而另一端通过保险丝接到另一根导线，这说明短路与保险丝熔断同时发生。

如果在电缆内同时发生电弧，结果很相似，除非发生更严重的导线熔化。这是因为故障电流受电弧限制（可能不会熔断线路保险丝），线路会延续较长时间。另外，可以预期未受影响的导线区域温度可能远远保持在熔点以下，拖拽痕迹会依然存在。如果通过炭焦发展成电弧，将会产生更严重的导线熔化。还有可能发生导线烧蚀，通过导线截面熔化扩展，形成更大的铜液滴，产生的热可能影响一小段导线，致其接近熔化。其作用可能不如火灾时熔透的那么大，导线上接近损坏区域的拖拽痕迹就可能保留下来。多根导线可能会熔到一起，但是有相对明显的过渡。

如果火烧过电缆，火灾熔化了未通电的导线，外观可能截然不同。长时间接近材料熔点的导线常常有结晶状外观，可能很脆。在这些案例中，导线上的拖拽痕迹可能丢失，表面可能形成水泡。达到熔点的导线开始流动，形成大的铜液滴包围全部导线区，最后导线熔断。可能有较长电缆（从几厘米到更长）显示半熔化状态。在多于两根导线的地方，同样环境中的所有导线应显示相同的状态，多根导线出现熔化。在许多例子中，可以推测火灾造成一个地方特别热。因此，电缆可能在天花板上，那里首先发生火灾，然后烧到上层地板。火的作用和先前短路作用叠加在一起，可能会使解释变得复杂化。在火灾中，结构的倒塌常常造成热的导线突破物理力而不是电活力。贝兰[24]发现，断裂端的外形取决于断裂时受到的温度。

当暴露于火的铜导线和其他金属（如铝）接触，可能产生更复杂的问题。当低熔点的金属熔化在铜导体表面并与其形成合金，就产生了类似于保险丝中的"M效应"，这个金属就在低于纯铜的熔点下熔化导线，在导线上产生熔珠或液滴，可能被误认为是电活动[19]。接近熔化的导线的溶解程度和外观通常不是电活动可以预期的。特别地，火灾现场铜和铝的相互作用已经有广泛的报道。这是火灾的结果而不是原因。

通过这些叙述应该清楚，从烧过的配线残留物解释发生故障的类型是比较困难的，调查人员解释案件需要大量的经验。更多的信息可以看参考文献2、3、9、10、24。

故障引起火灾还是火灾引起故障？

解释导线损坏的困难已经促使不同人试图发现更科学的方法，分门别类地回答提出的问题。这可能显示在短路之前导线是什么故障引起的受热（而不是火灾）。这样的方法包括在熔化特征附近检查导线。一些人用了俄歇电子能谱（俄歇分析）分析铜，以确定氧化水平或其他非金属元素在加热期间的积聚[11,12]，其他人用 SEM 法测定微晶结构[13,14]。这些方法似乎没有一种是广泛采用的，用俄歇电子光谱分析电弧产生的小颗粒还没有被广泛采信[15-17]（争议还在继续，但是 2002 年在蒙特利尔举行的第 16 届 IAFS 会议上，研究成果发表时把这个技术描述为未被证实可能更为确切）。

电缆过载迹象

当电缆严重过载时导线上产生的热使温度快速升高，直到超过绝缘材料的承受能力。对许多绝缘材料类型作用是绝缘开始热裂解，热裂解产物产生气泡，或者塑化剂挥发，结果在最靠近导线的地方也开始产生气泡。特别是热塑性塑料，绝缘变软，释放的气体在导线和绝缘之间形成空洞。这种作用常常较早被看到，因为绝缘材料变得容易从导线上剥离，有时被叫作"套管"。如果故障电流造成外面的绝缘开始热裂解，气泡也会在外层产生。气泡的形成过程见图 3.20。在实验中，断开电缆应该显示沿着很长一段电缆其热量的产生是均匀的。过火电缆常常在燃火损坏的边缘显示这类作用，在那里燃火损坏绝缘，但是这样的作用只向未损坏的绝缘部分延伸一小段距离。很清楚，铜是热的良导体，损坏的程度取决于导线的大小，而这样的作用会向未损坏的电缆蔓延几英寸至 1 英尺。相反，真正的过载在相同环境同样的作用下可以在整个电缆上看到。

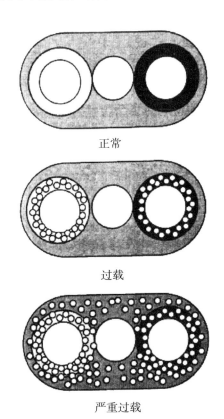

正常

过载

严重过载

图 3.20　T&E 电缆过载发生过程（在软绝缘体上形成气泡）

从现场提取的任何电缆都需要贴上描述详细的标签。电缆接电源的一端和接负载的一端要标记清楚，相关信息也要给出。如果电缆形成部分环形供电线路，末端可被认定为后面应该显示的，即有故障导致环路不完整。

在实验中，电缆被成段分割，以显示内部受热的平均程度，或显示火灾燃损作用消失的情况。如果有必要，较好的电缆片段可以铸塑到树脂中（像在开关中那样），进行分段抛光。

受热的连接

火灾发生之后，过热的电路连接外观非常特殊。虽然很多导体比铜的沸点低，但可以在火中保留下来。当导线或插座—插头连接接触不良时，通过与同样组件的其他连接比较，其特殊性可以显现出来。受热的导线连接常常显示深度分解，金属脱落，表面变形，形成氧化，产生水泡，这在附近的连接中不会出现。

用错误回溯推导火灾过程（电弧故障分析）

当建筑物内发生火灾，火最终会烧过通电的线路造成短路或电弧，产生电弧熔化损伤。这可以用来追查火烧过建筑物的过程。如果火烧过电缆的绝缘造成短路，常常会造成该点的一根或多根导线燃烧更严重。如果短路自己烧起来但是没有熔断保险丝或触发断路器，故障外面远离电源的电缆没有损坏，而通向供电电源的电缆仍然通电，火会再次烧过电缆，造成更进一步的短路或更接近供电的电弧。如果线路的保险丝熔断，全部线路坏了，但是其他电缆还是会受到类似的影响，并且发生短路。如果研究故障和保险丝熔断模式，就可能查明线路上火灾作用的顺序，得到火灾发生地点和速度的信息。即使每次短路都熔断线路保险丝，隔离了线路，配线和保险丝提供的信息也是有用的。德尔普拉斯和洛什[10]曾经在这个领域出版过相关著作。美国的斯瓦尔和英国的瓦里[25]做了很多的实验。

保险丝的实验室检验

管式保险丝实验应该用 X– 射线照相。经过棒管和装了砂子的容器可以看到保险丝的残留，发现保险丝熔断的地方（见图3.21）。在一台特定仪器上获得效果好的 X– 射线照片需要的条件要用实验确定。

管状保险丝的实验结果对造成过电流的故障类型具有很好的诊断作用。在一个研究 BS 1362 插拔式保险丝实验中，特威贝尔和克里斯蒂[6]发现，在高到大约 4 倍的低倍过电流下，保险丝在"M 效应"下小珠边缘熔断，这正是"M 效应"材料预期的作用。断裂似乎以爆炸的方式发生，金属熔珠在爆点附近溅入砂子中。当类似定额的保险丝串联接入测试线路时，只有一根保险丝熔断，其他保险丝似乎没有显示损坏状态。

在较高的过电流下，保险丝从小珠的任意一边边缘熔断。因为保险丝的金属丝受热很快，以至于小珠的热惯量使金属丝中心受热延迟，保险丝遂以爆炸的方式从小珠上破裂。当类似的保险丝串联接到电路中，可能只有一个或两个保险丝熔断。但是，没破裂的保险丝（保险丝中没熔断的金属丝）显示变形，这可以作为判断依据。这些变形发生在保险丝的金属丝膨胀或变细的附近，提示线路其他地方存在断裂或将要熔断的情况。这个作用被描述为"短路生存"（Short Circuit Survival，SCS）。

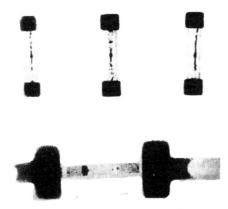

图 3.21　插拔式保险丝和大的管式保险丝在大电流（短路）爆裂条件下的 X-射线图

随着过电流因素达到完全短路的条件，保险丝的金属丝趋于在中心位置或小珠的两边熔断。当一系列保险丝串联接到线路中，趋势是所有的保险丝在两边熔断，尽管偶尔也有在一边熔断的，但未熔断的部分会呈现 SCS 现象。

类似的作用也可以在有带状金属丝的大型管状保险丝上看到。在那一点上成像密度会增加，可以看到"M 效应"材料的收缩。在低过电流作用下，"M 效应"材料收缩点会发生熔断。

开关

对于现场调查人员来说，有无证据显示火灾时插座开关是否关闭非常重要。如果开关关闭，嫌疑电器或电路可能不是造成火灾的原因。虽然从外表看电器被严重烧毁，插座开关或者照明开关的内部机械仍可能留下来，变化很小。在任何情况下，不要尝试操作开关，检验前应由懂行的调查人员操作。正确的电气实验常常能够确定开关是否是开着的，但是机械有时可能发生了移动，使得封闭的触头略微松开，因此得出错误的结论。另外，如果使用高电阻范围的实验触头，有可能看到焦化塑料的导线。

照明开关

确定火灾发生时某个房间或地方的电灯是开还是关非常重要。这种检验只能在现场损坏相对不是很严重的场合进行。火灾中发生短路时，墙内或天花板上的线路一般会留下来。在有吊灯灯具的地方，火灾的热量很可能在初期就将其毁坏了，但是热量不一定会损坏墙上靠下面的开关。如果吊灯还能亮，很可能证明吊灯电缆在火灾中已经短路，保险丝熔断。如果吊灯电缆还在，可能证明导线上存在的小电弧接通了电路。如果吊灯灯具受损，假如电灯是单开关控制并且开关只是表面受损，确定电灯是开还是关也相对容易。虽然有开关方式的法律法规，但是许多原因表明不能完全依赖这些法律法规，还是应该用持续性测试器或电阻计测试。这样做需要断开开关的一路连接，这是因为在同样的照明电路中其他一些电灯被接通，被实验的开关在两个开关位可能显示连续性。需要注意开关的原始位置和烟火样式，这可以用来确认开关是否受到火的侵袭。

对有两个或更多点位开关的照明电路的实验要复杂得多。这里可以肯定的是有必要先确定开关的开合状态与相关开关的自然性质，用跨接线在全部线路范围做实验。

开关的实验室检验

如果可能，应该用万用电表的低电阻量程测试跨过开关接触器的延长导线。如果发现了完整的延长导线，那么就可以清楚地表明开关是开着的。高电阻可能因为延长导线而炭化。

如果开关看上去是开着的，应该做进一步的实验，因为闭合的触头弹簧可能已经被火烧坏。可用 X– 射线照相法确定触头位置，以便确定造成锯齿切断的位置。一些插座开关为双柱开关，两个接触点都要检查。这些开关可以用特威贝尔和洛马斯[18]的方法进行检查，用干净的聚酯或环氧树脂注塑分隔。树脂凝固后，通过开关分隔和磨光，检查摇杆和接触情况。内部保留的塑料摇杆和锁扣可以表明火灾发生之前开关的位置。电触点应该能够确定这点或显示作为火灾受损结果而发生的移动。

火灾报告

调查人员会写出其在现场看到的情况报告或陈述。报告不仅应该包括主要发现，还应该包括相关情况的讨论和解释。报告应该分析火灾发生的各种可能原因，根据发现来评估这些原因的重要性。

即使是对故意纵火的情况，也应该讨论其他任何可能性，并一起分析权衡。例如，现场调查人员发现房子被纵火，但是由于救火行动破坏了现场，火灾是否由电器引起而无法解释，陈述中也应该承认这一点。如果其他原因可以排除，火灾应解释为"以我看来，火灾很可能是房子内材料接触明火造成的"，这句话可以引申为："因为……虽然我考虑这是不可能/高度不可能的，但是我不能完全排除电气失误造成此次火灾的可能性"。

结论

通过本章可知，电气安装不当确实会引起火灾，但不一定就会真正发生。通过线路保护装置，正确安装的电路能够在产生足够热量之前监测到大多数问题，提供安全保护。短路不会同时发生在所有线路上，如果发生就应该会迅速烧毁保险丝或其他设备。

造成火灾故障的原因类型（如电阻热、直弧作用），现在很大程度上还不能被电路保护装置监测到。电气失误是否都能导致火灾，还取决于出事地点是否存在合适的易燃材料或蒸气。毫无疑问，电气确实会造成火灾，但是可能比统计或估计的数量要低得多，电的危险明显被夸大了。

电气火灾应该由受过培训的、有胜任能力的人员予以调查，将许多火灾错误地归因于电气仍然是社会的弊病。

致谢

编辑和作者衷心感谢 N. J. 卡赖（伦敦消防队）提供图 3.12、图 3.15、图 3.19。

参考文献

1. J. D. Twibell (1995), Reporting of electrical fires hides true picture. *Fire Prevention*, 282 (September): 13-15.

2. B. V. Ettling (1986), A guide to interpreting damage to electrical

wires. *Fire and Arson Investigator*, 37(2): 46-47.

3. B. Béland (1980), Examination of electrical conductors following a fire. *Fire Technology*, 16(4): 252-258.

4. BSI/IEE (1980), *Requirement for Electrical Installations. IEE Wiring Regulations, 16th edition (BS 7671: 2001)*, ISBN 0 85296 988 0, IEE P.O. Box 96 Stevenage UK SGI 2SD.

5. Guidance Note 4, *Protection Against Fire, 4th edition*. ISBN 0 85296 992 9, IEE P.O. Box 96 Stevenage UK SGI 2SD.

6. J. D. Twubell and C. C. Christic (1995), The forensic examination for fuses. *Science & Justice*, 35(2): 141-149.

7. Y. Hagimoto, K. Kinoshita and T. Hagiwara (1988), Phenomenon of glow at the electrical contacts of copper wires. *NRIPS (Japan) Reports –Research on Forensic Science*, 41(3), a translation abstract from an Australian web source TC Forensic (http://members.ozemail. com.au/~tcforen/japan/3.html).

8. B. Béland (1982), Heating of gamage conductors. *Fire Technology*, 18(3): 229-236.

9. B. Béland (1982), Consideration on arcing as a fire cause. *Fire Technology*, 18(2): 188-202.

10. M. Delplace and E. Vos (1983), Electric short circuits help the investigator determine where the fire started. *Fire Technology*, 19(3): [reproduced in *Fire and Arson Investigator*, (1986) 37(2): 42-45].

11. B. V. Ettling (1975), Electrical wiring in structure fires. Northwest Fire and Arson Seminar.

12. R. N. Anderson (1989), Surface analysis of electrical arc residues in fire investigation. *Journal of Forensic Sciences*, 34(3): 633-637.

13. D. W. Levinson (1977), Copper metallurgy as a diagnostic tool

for analysis of the origin of building fires. *Fire Technology*, 13:211.

14. D. A. Gray, D. D. Drysdale and F. A. S. Lewis (1983), Identification of electrical sources of ignition in fires. *Fire Safety Journal*, 6: 147- 150.

15. R. Henderson, C. Manning and S. Barnhill (1998), Questions concerning the use of carbon content to identify "Cause" vs "Result" beads in fire investigation. *Fire and Arson Investigator*, 48(3): 34- 39.

16. D. G. Howitt (1997), The surface analysis of copper arc beads – a critical review. *Journal of Forensic Sciences*, 42(4): 608- 609.

17. D. G. Howitt (1998), The chemical composition of copper arc beads; a red herring for the fire investigator. *Fire and Arson Investigator*, 48(3): 34- 39.

18. J. D. Twibell and S. C. Lomas (1995), The examination of fire-damaged electrical switches. *Science & Justice*, 35(2): 113- 116.

19. B. Béland, C. Roy and M. Tramblay (1983), Copper – aluminum interaction in fire environments. *Fire Technology*, 19(1): 22- 30.

20. B. V. Ettling (1982), Glowing connections. *Fire Technology*, 18(4): 344- 349.

21. B. V. Ettling (1981), Arc marks and gouges in wires and heating at gouges. *Fire Technology*, 17(1): 61- 68.

22. R. N. Anderson (1996), Which came first the arcing or the fire? A review of Auger analysis of electrical arc residues. *Fire and Arson Investigator*, 46(3): 38- 40.

23. W. E. DeWitt and R. W. Adams (1999), Heat transfer resting of thermal – magnetic circuit breakers. *Journal of Forensic Sciences*, 44(2): 314- 320.

24. B. Béland (1997), Mechanical behavior of copper conductors in relation to fire investigation. *Fire and Arson Investigator*, 47(4): 8- 9.

25. N. J. Carey (2002) personal communication.

4 火灾调查中实验室重建的应用

马丁·希普

引言

火灾的复杂性、随机性和或然性，意味着完全确定火灾是如何引起和蔓延的几乎是不可能的。有时有必要确切地了解特定火灾，就需要实验室重建。

现场重建对火灾调查具有特殊意义，需要的火灾调查人员包括警察或犯罪现场警员、保险调查人员和公共调查人员。在一场大火的调查中需要回答很多问题，如火是如何发生的，从实践中能吸取什么教训。必须在开始就确定现场重建的目的，可能是测定材料性质的"试验"，可能是找到发生了什么和检查假设的"实验"，也可能是说明发生了什么的"假设"。

许多试验和实验可以协助火灾调查。一些试验采用的是确定的标准方法，也有些是特定的方法。这包括小规模材料试验，中等规模组件试验、火阻试验，大规模组件间相互作用评价，全尺度现场重建以及向调查队或陪审团的演示。

在进行现场重建前，需要对规模、大小、日期进行审批。其他需要考虑的还包括合适的真实度、安全、花费和证据的可回溯性等。因为所有的火灾都不同，现场重建也不同，所以几乎无法充分计划。要对项目进行清晰的管理，保持良好的通信联系，进行充分的记载，现场重建总是昂贵的，几乎会耗尽金钱和时间资源。有时可进行小规模或中等规模的临时现场实验，或者利用消防队训练设施进行实验，不同的专业实验室可以进行不同的试验或实验，要想重建现场则需要专业实验室。

人们总是能够从真实事件中吸取教训：要努力确保这类事件不再发生，确定侥幸脱险的特性。除了帮助特定事件的调查，现场重建还会补充和支撑我们现有的知识库和正在进行的研究工作，提供实现事件之间的联系，确保对未来火灾消防安全的最大信心。

本章将要讨论这些不同的试验、实验或演示，以及这些是如何帮助火灾调查的。

为什么进行重建？

通常会有许多不同的组织和机构参与到火灾调查中来。

大多数火灾开始由消防队调查。当有人丧命或有犯罪嫌疑时，就有警察、犯罪现场警员、法庭科学家、法医或检察官代理人（苏格兰命案调查员）参加调查。如果有保险诈骗嫌疑，或者有大的保险索赔申请，保险公司、私人调查员、专业咨询人和损失勘查员等也会参加。

当进入法庭，还会有律师、法官、法律顾问、陪审员参加，还会召集专家证人和科学顾问，或者其他利益相关者，直接或间接法律代表，如可能包括建筑师、建筑公司、建筑所有人、居住者、维修工程师、受害人、受害人家庭、被起诉人及其家庭等。工业或工作场所的火灾事件还涉及健康和安全检查员。如果召集大规模的公共调查，很多参与者会协助调查人员。

对于特定事件和特定法律事务（无论是刑事还是民事）相关的事项可能包括以下几点：

- 火是如何引起的？

- 谁造成火灾？

- 谁将会受到谴责？

- 是疏忽还是犯罪？

- 发生犯罪了吗？

- 火灾是事故、故意、恶意、人为纵火还是诈骗纵火？

- 能确定纵火犯吗？

- 谁应该为火灾损失买单？

- 火灾危险或损失中"材料"或"结构"重要吗？如果是，由谁指控？

- 在火灾危险和损失中，建筑设计重要吗？如果是，由谁指控？

- 对建筑物的处理或者管理程序有缺陷吗？

因为火灾会毁掉物证本身，所以常常需要根据不足的事实提出观点，对于发生了什么不同专家间常常发生争议。

另外，特别是对有多人死亡或较大影响的事件，可能要吸取教训，以便改进法律避免将来发生类似事件（通常通过规则、行业规范或标准）。从火灾事件中吸取教训是公共调查、法医调查或致命事故调查（苏格兰）的目标之一。需论证的事项包括：

- 从火灾事件中吸取什么教训？

- 火灾有可能再次发生吗？是怪异事件吗？

- 能防止火灾事件再次发生吗？（危险显著降低了吗？）

- 火灾有"政治"意味吗？（特别是政府已经了解的特别问题）

- 现有的规则（行业规范或标准）够用吗？

- 本次火灾有不正常或出乎意料的特征吗？

- 能够显示火灾是如何发生的吗？

● "公众"期待火灾现场重建吗？

在有些情况下，特别是有较大影响的事件中，其他机构可能也有兴趣，这包括媒体（特别是电视台）或研究机构（已经确定事件的非同寻常性质，需要进一步研究）。电视传媒公司常常追求"宠物"理论或对追查官方操作失误感兴趣。科学家对用该事件改进火灾统计和火灾科研感兴趣，因为事件展现了没有仪器的实验，可以从火灾中吸取物理学、化学、工程、管理、生物学、病理学、毒理学、人类行为或心理学等方面的教训。

这里提到的所有人都想知道火灾的细节，但是这些人所掌握的火灾现场的知识又不同，他们（或者他们的法律代表）都需要实验室试验或现场重建帮助他们进行调查。

重建的目的

现场重建说明的问题

不是所有受到调查、审判或质询的事项都能在实验室阐明。但是，通过下面的现场重建很多事项都能阐明、检验或解决。

● 火灾是如何发生的？

● 特定的物品或采集的物品是如何燃烧的？

● 火灾是如何或为什么蔓延的？

● 火灾蔓延有多快？

● 火灾可能是这样或那样蔓延的吗？

● 特定相关材料起作用了吗？

● 火灾温度有多高？

● 火灾范围有多大？

● 火灾释放了多少热量？

● 火灾持续了多长时间？

- 火灾看上去严重程度如何？

- 烟雾情况如何？

- 烟雾是如何扩散的？

- 烟雾毒性怎么样？

- 相关结构发生了什么变化？

- 材料的变化像预期的那样吗？

- 结构元素变化像预期的那样吗？

- 建筑设计或设计性质有关于火灾的吗？

- 本次火灾有什么独特性质？

- 被动火灾保护系统按照需要起作用了吗？（被动火灾保护系统包括火灾保护覆盖物、喷淋器、门窗等）

- 主动火灾保护系统按照需要起作用了吗？（主动火灾保护系统包括火灾探测器、报警器和洒水器等）

- 火阻元件根据需要发挥作用了吗？（火阻元件包括隔离和承重元素）

单一试验或实验可能无法回答上述所有问题，需要进行系列试验或实验。但是必须认识到，不是所有需要回答的问题都能够用重建解决，有可能因关键信息缺失以至于重建的结果对调查起不到任何价值。这类问题的实例之一是需要确定事件范围，但是不能确定点火源。在这种情况下，必须先假定火源是闷烧还是明火导致，试验的具体时间没有太大意义。

重建的目标

确定重建的目的很重要，除非得到委托人的同意，否则不能进行重建。虽然实验室会帮助提出目的，但仍要得到委托人（项目的资助人或投资者）确认。因此，实验室知道谁是委托人很重要，因为委托人可能通过代理人安排重建，如专家咨询人。如果代理人有完全代表权，这必须很清楚而且足以参考，因为重建的目标在法院可能会受到质询。

可能会有这样的情况，代理人是某个联合体或者是具有相同利益的独立机构组成的集团，重建可能要实现多个目标。为了实现所有机构的最佳利益，可以用单一重建代替多个重建。重建可能得到与目标无关的结论（但是必须合法），同样有必要视结论为红利。有两种方法认定目标，有时委托人带着要解决的问题来到实验室，科学家会告诉他重建是否能解决问题，或者委托人可能已经知道需要什么和如何实现；有时有这样的情况，解决特别事情的重建稍作改变可以解决其他事情，或者为其他因素提供额外说明。另外，需要认识到的是火灾科学研究的圈子很小，从事重建的人需要认识到潜在的利益冲突。

试验或重建的类型

一般情况下，有四种实验室工作可以帮助火灾调查。

法庭实验室试验

例如，检验 DNA 或检测助燃剂残留物。这由法庭实验室进行，要么是政府机构，要么是私立法庭实验室。这类实验室工作，这里不作深入讨论。

标准试验

这些试验大多数是在桌面上完成的，使用标准化的方法测定或检查特定材料的性质。这些试验通常根据标准进行。有许多火灾试验标准，如英国的、欧洲的、其他国家的或国际的，其中英国最常见的列于附录 A。有时对标准测试作变化以满足特定目标，或者将标准测试方法用于某种材料，而这种材料通常不用这种方法测试。这种试验被认为是临时性的，试验报告应该说明"使用标准试验……

方法进行"。这类标准试验本书后面会简要介绍，因为这可以为更精细的重建提供有用的基础。

实验

这是为了回答具体问题、获得新知识或验证假设。正如之前讨论的，需要实验发现发生了什么，发生有多快，或者检查具体的理论，如看看火灾是否会发展到一定规模。实验有不同大小或规模，从小型的桌面规模到实际的重建规模。这里大规模实验是主要课题。

演示

通常用于中等或大规模重建，不期待从中得到任何新知识，只是向非专业观众（如调查队或陪审团）展示发生了什么。意外的是，演示常常会导致新的理解。演示也会用于火灾调查训练。重建演示需要有与大规模实验相接近的规划，但是通常需要的仪器较少，这也是这里要讨论的课题。

设计重建

基本事项

如之前提到的，实验室要确定的首要事项是委托人或委托人的代理机构，工作的目标必须确定并得到同意。一般来说总是有资金和时间的限制，这对要完成的工作事项是个局限。资金、时间和其他控制因素必须确定，并在事前得到同意。现有知识的程度和可靠性需要确定，委托人和实验室假设（以便进行重建）必须明确地得到同意。如果合适证据的可用性必须确定，需要的报告类型也应该确定。

对于任何工作项目，都需要和委托人正式讨论，如果可能也要和案件的其他参加者讨论。更好的做法是提前和其他机构协商，而不是将项目冒险落入法庭之手。

其他规划事项

在现场重建开始设计前，还有许多其他事项需要委托人同意。包括：

- 使用来自实际事件的材料。如果这是证据，特别是犯罪现场证据，必须保存，如何保存，保存多长时间？
- 数据、其他记录和文件的保存和物理安全。电子数据、其他记录和文件安全吗？来自重建的数据和其他记录需要保管多长时间，可以查询吗？
- 意外和可靠性事项。
- 保密性。
- 重建的物理安全性（如受到媒体侵扰）。
- 结果的拥有和"公开"政策。
- 计算机模拟的使用。
- 和媒体打交道。

委托人、委托人的专业咨询人和实验室，要讨论这些事项和重建设计。需要认识到委托人需求和实验室建议之间可能有矛盾，这样的需求要记录在报告中。

类型

一旦确定了目标，就有可能定义试验或现场重建的类型。如果需要有"标准"方法，对于特定试验就要按照测试规程进行，这是实验室质量保证的一部分。

如果需要进行临时试验、重建或演示，就有必要决定采用的方法，要演示或调查的是什么性质或因素，实验的规模和大小以及需要的数据类型和数量。这常常是理想和现实之间的平衡，由费用、时间和质量的竞争决定。有时因速度和成本可以使用现有的装备，但是如果这样，那么加到实验上的任何因素都要仔细考虑。如果合适，现有仪器也可以使用。

以下是可以用于调查的实验类型。

1. 小规模材料试验

小规模材料试验是基于标准试验的桌面规模临时试验，可以单独提供特定材料的火灾活动信息，如一片家具泡沫或墙包。这些试验可以提供诸如点燃性、可燃性、火焰速度等性质或自热倾向。

2. 中等规模原件试验

这些试验使用现成试验或研究设施，包括全部电器或元件，如扶手椅、楼梯地板和一片地毯。这些试验可能包括热量测定（测量热量释放、烟雾以及燃烧气体产生，通常用 3 m×3 m 的试验罩）、火阻试验（在 3 m×3 m 的建筑原件上检验结构稳定性和传热性）、热辐射试验（用辐射板检验点燃性）。

3. 大规模电器或原件之间相互作用评价

这些实验可能是部分规模、缩小规模或完全规模重建。部分规模实验只包括部分现场元素重建，如房子一角的地板、墙壁、天花板（这些可能是火灾开始的地方）。缩小规模实验包括选择现场元素重建，小于实际现场。这可以节省费用和时间，但要受规模效应影响，特别是时间规模，需要仔细考虑。完全规模实验包括在实验室的大型和完整的现场部分重建。重建要配备合适的仪器。

地点

一旦确定需要重建，必须先确定实验的地点。

实验可在与实际事件的建筑类似的地方进行。只有建筑没有被火严重损坏才有可能被利用，但需要具有基本相同的材料和结构，并具有可以避免后续引发争议等优点。另外，也可以选择类似的建筑，如在工业场地某一排房子中选择。这种实验地点的选择在英国很少见，但是在美国却比较常见且比较成功。

相对简单和小规模的"后院"实验，可以在附近相对开阔的地方进行，可以是受影响建筑旁边的停车场，也可以利用消防队的训练设施。如果有这样的实验可使用有限数量的仪器。

一般而言，特别是重要的调查，会调集专业火灾实验室设施。这样的实验室可以使用现有的实验棚，也可以在特别装备的实验室范围内或在确认地方的开阔地建造专门的棚子。

许多专业的火灾实验室列于附录 C 中。对特别试验所选择的进行标准火灾试验的任何实验室，应该经过英国认证处（the United Kingdom Accreditation Service, UKAS）或者等同的国家机构的认证。

实现

设计过程的第二步是确定重建需要如何实现。这将部分取决于重建的目标，部分取决于被评估参数的重要性，部分取决于经费和时间限制。考虑的事项包括以下几个方面：

1. 建造方法

如果材料已经具备，建造方法常常是最不重要的因素。如果坍塌等事项很重要，结构和实验棚是实际事件的代表。实验棚一般用瓷砖或墙砖与圆木建造。

2. 材料

材料包括实验棚建造、家具、装修和内部物品，必须精心考虑。最理想的是使用来自实际火灾的材料，或者按需要进行材料招标和登记。选择的材料必须显示与事故中的材料一样，或者对火的表现具有相同性质，或者必须能清楚地显示（在法庭上能够辩称）特定材料在火灾中不重要。重建使用的材料必须经过适当处理（如湿度）。

3. 规模

重建的规模由实验的目的确定。如果只检验早期起火阶段，可以使用小实验棚。如果检验跨房间的火的蔓延速度，实验棚必须有足够空间。正如之前提到的，缩小规模的实验棚建得比实际现场（特别是天花板高度）小，但是规模效应，特别是时间规模等需要仔细考虑，否则辐射作用规模实验难以实现。

4. 细节

关注细节也是由实验的目标决定的。这包括排风、气候、湿度、温度、风、材料条件（特别是水分，还有表面损坏、新旧程度、季节，以及对于油漆的修补）等，以及物理细节，如门缝、墙衬固定件等。正如下面讨论的，这些常常是假设的课题。

所有这些事项需要记录并包括在报告中。设计重建的实验室对科学家查看火灾现场通常很有价值，但不是总能做到。

假设

在规划和设计重建中，确定和记录所有假设都很有必要。这在法庭上可能非常重要，不这样做可能导致全部计划被废弃。有必要知道"隐蔽假设"，就是"理所当然"或"我们总是那么做的事情"，如涉及没有人会考虑到的元件或元素。另外，如果重要和没有考虑到的假设在法庭上被另一方确定，整个项目就可能失败。

确保委托人和实验室科学家认定和记载所有的假设，并认真评价委托人确定的信息源和假设，很有必要。

例如，考虑的事项包括现场布局和大小，诸如门缝、透气通道、材料、材料供应、起火源和环境条件等细节。如果不知道具体细节，错误的假设对实验结果会产生重要的影响。如前面所述，设计重建的实验室对科学家查看事件火灾现场通常很有价值，但不是总能做得到。

细节设计

上面提到的事项得到委托人同意后，现场重建建筑的细节设计才能开始。这些细节包括以下方面：

● 现场重建的大小和规模。是小规模、中等规模、缩小规模、大规模还是完全规模？大小和规模需要代表实际事件，或与实际事件有确定或明文记载的关系。

● 现场重建实验棚需要的材料。有必要考虑其类型、热性质与这些材料的处理和老化。这些材料需要代表实际事件。

● 进入实验棚的物品内容、家具、装修和其他项目。是否需要经过特别处理以代表实际事件。

● 使用来自事件的实际材料和物品内容。如果这样，如何获得这些材料和物品？需要什么处理和老化吗？可以查到来源吗？需要什么特殊的处理吗？

● 重建排风条件。这需要能代表实际事件，但是如何确定呢？

● 重建环境条件（如湿度、温度、风）。这需要能代表实际事件，但是如何确定呢？

● 火灾持续的时间。在许多情况下，实验用火被允许烧完，但是对于大的重建，对实验用火时间和终止条件需要加以限制。

● 审计跟踪和证据的可追溯性。这些需要确定和得到批准。

实验使用的火源需要通过事件或其他委托人同意的假设来确定。火源的类型和大小将会显著影响重建的时间、规模。如果没有其他可用的选择，可以使用标准的规定作为标准火源。

在大多数情况下，对于重建设计的细节以及假设的可靠性总有一些残存的怀疑。这需要判断这些怀疑对项目是否重要，还需要认识到事件不确定使得现场重建不得要领已经多次发生。因此，如果所有相关机构都能同意提出的现场实验的所有细节，那将是最好的。有时不合理的假设或来自事件的错误信息在火灾重建之中或之后会很明显地表现出来，在这种情况下可能需要考虑增加重建内容，但是在所有情况下解释重建试验结果需要由一定水平的专家判断。一般情况是，最好从小的试验开始，逐步向大的试验或实验推进。

重现性

影响所有大型火灾研究的事项是火灾实验的数量。对于火灾调查重建，常常一次实验就够了。但是，如果确定一个特定参数的作用，如需要认识阻燃剂的量，可能就需要多次实验，每次使用不同的量。如其他方面已讨论过的，实验的数量也受到经费和时间的限制。因此有必要在进行大规模重建之前，先进行小规模实验以确定一系列作用因素。

火灾的复杂性、随意性和可能性意味着重建足够重复实际事件的实验，常常是不可能实现的。因此，在任何重建中总是有一些内在的假设，即使增加火灾实验数量也不可能解决问题。

使用仪器

任何重建中使用的仪器花费可能较多的，包括设备、安装和分析。很清楚，需要使用足够仪器来满足实验项目的目标，但是当资源有限时，就决定了实验过程需要记载。在火灾重建实验中，有许多参数可以测量，这些参数叙述如下：

温度

温度可以用热电偶简单地测量。该设备依赖于两种不同金属接触产生电压，很少需要校正。做起来相当方便，用一卷合适的电线，通过焊接或银焊，厚度和金属种类要与火灾预期的严重程度相当。

带不锈钢套的热电偶很贵但是通常更耐用。需要经过"冷连接"以便给出准确的读数，但是现在这些基本都已放到数据记录器中了。温度测量以摄氏度（℃）为单位，是连续的记录（受记录速度限制），其间可能需要有专家提供帮助。

热流

用现成的热流计来测量热流（或热流密度）。热流计价格中等，通常用水冷却，直径大约 25 mm，可用来测量跨过小金属片的温度。使用前需要仔细校准，需有水源。热流测量结果的单位通常为每平方米千瓦（kW/m^2），也是连续的记录（受到记录速度限制）。

质量损失

质量损失是估计产生的热量的一种方法。选择的物体质量可以用负载电池记录。负载电池必须校正，需要仔细保护防止受到火的影响。如果知道选择的物体热值，估计燃烧效率，就可以推导出产生的热量。但是，资料显示火灾中涉及的物体通常含有混合材料，所以这项技术现在已很少使用。下面的技术用得更多。质量测量也是连续的记录（受到记录速度限制）。

放热速度和放热总量

这两项可以用耗氧热量计测量。这包括在重建现场的地点上方使用大的罩子和风扇收集火灾的所有气体。气体通过管道测量温度、速度（因此为质流速率）和氧气浓度，并可以推导出火灾消耗的氧气质量。通过现在已经完全确定的关系可以计算放出的热量，常用瓦、千瓦为测量单位，在大的火灾中用兆瓦测量，可以连续测定。通过测量火灾持续阶段释放的热量，计算总的放热量（J）。

英国有几家专业实验室有这样的罩子，最大的罩子在加斯顿的

FRS 建筑研究设计院和阿尔斯特大学。该系统在重建使用前必须校正。

气体组成（毒性）

重建现场实验可以测量到不同的气体组分，一般通过管道和泵收集。另外，可以用在线分析仪测定，同样可以连续测定。这些气体包括：

- 一氧化碳。
- 二氧化碳。
- 氧气。
- 二氧化氮。
- 一氧化氮。
- 烃。

有的需要将气体采集到含有合适液体的烧瓶中，然后用气相色谱法或质谱法测定。因此，在火灾期间这些测量是不连续的，但是使用多个烧瓶，每一段时间进行一次就可能测定火灾的不同阶段。以这种方式记录的气体包括：

- 氯化氢。
- 氰化氢。
- 氟化氢。
- 溴化氢。
- 二氧化硫。

测量气体浓度需要仔细校准仪器，分析出结果需要消耗很多资源。

烟雾密度

在重建现场实验中，使用光学器件可以测量选定位置的烟雾密度。这需要有安装牢固、间隔一定距离的光源和接收器，出现的烟雾强弱被接收信号的仪器记录下来。在火灾前设备需要校正，记录可以是连续的。记录的是每米光密度或能见度（m）。还可以用烟雾检测器（离子化的或光学的）确定烟雾释放速度，但是这不能给出校正的结果。

烟雾产生

测量产生的烟雾可以作为测量释放热量的一部分（见热量释放速度），用以记录管道内烟雾光密度，可以转化为火灾中的总烟雾量，测量单位为 m^2。另外，烟雾质量可以用重量分析法，在过滤器上收集烟雾颗粒并称量。

扭曲／张力

扭曲可以用位移传感器测量，张力可以用张力表测量所选择的结构元素。这些小设备测量来源于形状变化时电阻的变化。

可视记录

重建现场实验总是要进行可视记录，现在多使用视频设备和静态摄影。视频记录用于估计火势的发展、火焰长度、火势速度和物体反应。也可以使用红外摄影或视频。摄像机、照相机可以用于特殊地点。摄像需要格外认真，因为记录常常用在法庭上，可能需要有燃烧时间代码。

因素

规划重建实验使用的仪器需要考虑许多因素。包括：

- 取样点数目、探头数目。
- 探头地点／取样点。
- 计算机分析（可能需要增加传感器或不同地点）。
- 系统备份。
- 保护设备和仪器不受火的影响。

- 取样速度。
- 数据格式。
- 数据安全（包括电子安全），长期数据安全。
- 精确度、灵敏度和校正。
- 数据记录、处理和分析。
- 观察地点。
- 录像机、静态摄影及其格式、数量。
- 记录的物理安全（磁带、光盘等）。

安全性

首先，根据实验本身的性质，对人员会有一定有危害。大多数专业火灾实验室要建立良好的安全程序才可以使用。这些危害包括火和热，特别是烟雾（会挡住视线）与燃烧气体（具有腐蚀性和毒性）。其次，在实验棚内可能有来自化学品、有毒材料、电、结构坍塌和爆炸等的风险。在实验室工作，很可能引起撞击、坠落、摔倒或跌落、车辆事故等，还有必要知道如何减轻来自有毒材料、烟雾和污染水泄漏的环境风险。

实验棚设计应该最大限度地减少风险，建造应注意安全。应该避免跌落和摔倒的风险，但如果是部分重建现场的布局需要，那也是必不可少的。必须考虑用电安全，为了安全通常在火灾实验完成时会用水灭火。应该为泄漏的燃料和水构筑围挡或水池，必须安全处置废液和材料废料。火灾实验后这些可能有毒的材料需要有专业废物回收服务。

安全规划需要在实验项目早期提出，并增加到实验设计中。安全规划需要包括风险分析和如何管理风险的叙述。规划需要考虑观众和游客、通信、出入口、安全通道、安全地点、急救和急救房等安全措施。另外，如果有观众和游客，实验棚需要设隔离绶带围栏和警示标志，可能需要用扩音器和喇叭或向公众讲话的系统与大量游客沟通。如果预期有大量烟雾，就不能让公众直接现场观看火灾实验，可能需要将视频接到安全的房间观看。

安全良好的团队需要具有正式责任和权力，必须有明确的任务和角色。对于大型火灾实验，可能需要雇佣当地消防服务来灭火，在实验日期前确定通信和指挥专线。同样地，还需要急救人员参加。

在实验当天，安全人员需要向所有参与者提供安全操作规程，给出简要安全提示，介绍指挥结构和程序。同意遵守安全人员的指令是参与实验的必需条件。

必须确定终止火灾实验的标准。

虽然设计实验都会尽可能地降低风险，但是参与人员仍必须有适当的安全设备可用。这可能包括安全靴、硬质安全帽、防护眼镜、手套、气体监测器（CO），另外还要有照明，如果需要还应有呼吸设备。应该确保急救设施完备。

为大规模火灾实验提供适当的安全，可能会大大增加项目花费。即便最好的规划，也总是有些意想不到的风险，实验安全必须和项目的重要性相称。

进行重建

人员

重建现场实验涉及大量的人员和任务。主要是：

- 负责官员。
- 实验人员。
- 仪器使用人员。
- 技术人员。
- 安全官员。

- 急救人员。
- 管家（管理游客）。
- 实验室摄录像小组。
- 委托人摄录像小组。
- 消防人员。
- 委托人。
- 客人。
- 餐饮人员。

重建实验中的客人由委托人自行决定，可能包括法官、陪审团、律师、来自不同团队的专家，等等。如果预期有大量客人，就要作特别的安排，包括提供餐饮和卫生间。

时间安排

任何重建实验安排应该在实际火灾实验前的数周开始。除解决和安排前面讨论的不同设计和规划事项外，还有许多任务需要考虑到，这包括：

- 和实验室其他用户协调。
- 组织和分包承包实验棚的建造。
- 购买消费品。
- 储存材料特别是燃料。
- 确定和解决任何环境事项。
- 实验棚建造。
- 附属设施搭建（如围栏、排风系统等）。
- 获得实验材料、家具等以及用后处理。
- 仪器校准。
- 点火系统校准和备份。
- 试用实验棚、设备和仪器。

- 接洽消防队。

- 对团队成员进行简短的实验培训。

- 规划火灾实验后的场地打扫，招聘后备人员，与专业垃圾搬运公司签订合同。

在火灾实验当天，所有参加人员需要预先提供程序单。火灾实验应该在所有事情都准备好以后开始，但并不是所有参加者都需要知道精确的时间安排。一旦实验开始，很少会偏离统一的安排。要让所有观众从一开始就知道，其可能要在冰冷的实验棚等待较长时间。

委托人、观众、客人通常会关心和检查重建实验，因为许多人之前没有参与火灾实验的经历，就需要安排"有导游的旅游"，除了考虑安全，还要避免损坏仪器。

所有到场的人，包括实验人员，应该进行简要的安全提示，包括确定逃生路径。

要给钟表和秒表对时。一旦观察员到位，倒计时就可以开始并记录，录像设备可以启动。在规划的时间点，实验点火开始，或者手动或者用电动设备点火。点火不是总能成功，可能需要第二次点火，再次点火的时间也要记录。

如果达到实验停止标准，就要灭火，或者让火烧尽，并且停止记录或录像。委托人和客人希望看到重建实验的结果，但是在实验棚冷却下来、烟雾散尽之前很少能进行检查和评估损失，这可能需要1小时至1天，而安全协议必须遵守。

除非另有安排，要像对待犯罪现场那样对待实验现场。按需要拍照，登记和提取样品，选择仪器设备。

重建实验的残留物需要根据以前达成的程序加以妥善处置。

实验结果需要处理和分析，根据实验的复杂性可能要用几天或几周。

报告

重建实验报告，包括图片和视频记录，是项目完成的结果，很可能出现在法庭上，因此书写时需要注意一点。这份文件通常由实验室科学家书写，需要得到委托人的同意，作为实验结果的报告，可能包含推论和结论。即使参加项目的是团队，报告最好由单个作者完成，防止在科学实验上有争议，因为凡是署名的作者都可能被法庭传唤。

一般来说，实验报告应该反映专家获取证据的过程。应包括：

- 实验引言，包含委托人认可。
- 实验背景。
- 来自委托人的指令和目标。
- 适当的申明。
- 前提信息。
- 实验假设。
- 重建实验设计，包含地理、材料、可回溯事项等。
- 实验火源。
- 使用仪器。
- 实验结果和观察。
- 实验分析。
- 计算机模拟的应用与结果等。
- 讨论，包含如果需要的推断。
- 实验结论。
- 致谢，包含项目团队。
- 实验照片。

实验室应有质量把关和检查程序，从而最大程度减少实验照片和其他错误的风险。

重建现场实验的发现常常具有广泛的科学价值。实验项目的结果由委托人拥有，报告实验的出版由委托人自行决定，调查法庭通常希望报告出版。一旦实验报告在法庭上出现，就在公众领域生效了，但是出版需要费用。将实验报告呈现给法庭需要实验室科学家的参与，重建的视频记录也是报告的补充。

费用

从上面的讨论中已经看到，完全规模的重建实验花费较多。桌面规模和标准的试验相对要便宜得多，但是常常只能提供调查需要的部分信息。委托人自然追求"物有所值"，可是过于简化的试验聊胜于无，因此不能体现委托人的可信度。

实验项目的费用包括：

- 设计、客户会议和人工费。
- 实验主要结构、建造、场地租用和实施。
- 实验存储和处理设施。
- 实验材料、燃料、摆设和家具。
- 实验的仪器校准、仪器的保护措施。
- 视听录制（静态照相机和录像机）。
- 消防队和安全保障需要。
- 实验后面的清扫，雇佣搬运工及专业废物搬运公司。
- 实验证据存储、数据存储（特别是在延长时间或特殊条件下）。
- 差旅和餐饮。
- 实验数据分析和报告产生。

- 实验视频编辑。
- 实验意外和可靠性考虑。
- 实验环境保护事项。
- 实验信心、保密和物理安全。
- 实验室科学家出庭出示证据的花费，但是这常常单独处理。

因此，这些事项必须在实验项目开始时作出充分考虑并得到委托人同意。

案例研究

通过以下案例研究，试图说明重建实验的价值，按前面讨论的不同规模加以介绍。

星尘迪斯科（都柏林）火灾，1981 年 2 月

进行了一系列小规模实验后，对星尘迪斯科（都柏林）火灾进行了完全规模的重建现场实验[2]。这需要很大的实验棚，铺设了地砖，安装了一排排座位，和现场摆设一样。火在场地后面燃起。该实验说明了爆燃的速度和严重性。

温莎城堡火灾，1992 年 11 月

对温莎城堡火灾进行中等规模的实验，以确定房屋帘子上的火势发展速度[3]。火灾被认为是由热的卤素聚光灯引起的。在实验室棚架上点燃了火灾中相似类型的帘子。该实验显示了火在帘子上蔓延的速度。

邓弗里斯住宅火灾，1995 年 2 月

该实验项目主要评估家庭住房内地毯在引起致命火灾中的作用。用于实验的房间铺上了和火灾中相同的地毯，实验用的扶手椅来自事故房子，火灾源自扶手椅。该实验显示了在椅子产生的热量

下地毯是怎样着火的 [4]。

火灾调查人员使用的计算机模型

法庭上的计算机模拟逐渐增加，被用作物理重建的补充或以外的选择。火灾调查人员需要熟悉计算机模型，这不仅有助于自己的工作，也可以对对方呈现的模型结果进行有效的回应。

近期这样的模型包括：

● 计算包，连接确定的公式。

● 区域模型，用于计算烟雾和气体在特定条件下的运动。

● 计算流体力学 (Computational Fluid Dynamics, CFD)（现场模型），用于计算烟雾和气体在复杂条件下的运动。特定火灾的 CFD 已经可以使用。

● 结构模型，用于计算所选择的元素受火灾加热时建筑结构的负载及负载分布。一些模型使用有限元分析技术。

● 辐射模型，用于计算复杂地理条件下来自火焰的热流。

● 洒水器模型，用于估算洒水器对热的反应。

● 风险模型，用于估算在大量不同电位条件下的建筑物内死伤人数。这类模型有些使用"蒙特卡罗"（Monte Carlo）取样方法。

● 撤离或出口模型，用于计算清空建筑物的时间或分散的人群离开建筑物的时间。现在的模型能够涵盖不同的行为反应。

一些调查人员使用虚拟现实可视方法，但是其本身只是科学家摩画的提供三维移动的时间序列图。然而，这样的模型与上面提到的计算机模拟相结合可以帮助显示结果。在这种情况下，必须清楚什么是模型预见到的、什么是勾画的。

现在很少有火灾调查人员在工作中使用计算机模拟，CFD 模拟特别需要熟练的使用者。法庭科学家、火灾调查人员和火灾调查研究机构特地开发了几种模型，但是大多数都不是英国的。

虽然开发的火灾事项相关的计算机模拟范围很广，但这里关注的模型是用于计算和估算放热及产生烟雾速度的，对火灾调查人员最有价值，因为这些模型可以帮助调查人员确定烟雾蔓延的速度和特定火灾的温度。

火灾的发展和速度

在建立完全充分的火灾理论模型之前，需要正确了解火灾涉及因素的相互作用机制及其复杂性。火源和所含结构很强的耦合使得火灾变得特别复杂，难以分析。但是，现在根据复杂程度借助计算机已经开发出了理论模型，可以用二者结合描述这些现象。这样的理论模型已经发展到可以自信地用于预测热的烟雾和气体是如何被预设的火源产生并向全部建筑物扩散的。

在现实条件下涉及复杂的建筑布置和建筑内衬，火焰发展和蔓延的全面处理还没有将其纳入模型能力范围，但是简化分析允许对火灾发展和蔓延进行评价。为了选择合适可用的计算机模型，至少有必要广泛地了解采用不同模型方法时存在的差异。

模拟与隔间火灾相关的热质传输过程的计算机理论模型大致分为两类，通常指区域模型和CFD现场模型。二者的根本区别是处理建筑物内燃烧产物运动和对相应实验信息依赖关系的不同方式。两种模型都能预测家庭大小的室内具体火灾的气体温度，二者可给出大体类似的结果。CFD现场模型预测更加细致，更重要的是它能够显示出很多细节，如吹过门道引起火灾的风所产生的羽毛翻转的清晰细节。区域模型则做不到这样，除非有先验假设。

还有必要区分确定性模型和可能性模型。这里主要介绍的是确定性模型。可能性模型计算比较简单，但是需要进行大量模拟。

区域模型（Zone Modelling）

计算机区域模型和建立良好的处理烟雾运动的传统方法关系密切，在现代计算机获得广泛应用之前就创立了。该模型依赖于隔间内火灾实验观察提出的烟雾运动的几个简化假设。

可以利用现代计算机促进这种简单方法进一步发展，以用于检验不断增多的火灾，包括许多相关影响，如向周围结构扩散的热量损失和辐射引燃远处物体。

除了全封闭火灾模拟，计算机现在还用于工程指南和手册中看到的一些简单的半经验区域关系。因为这些简便计算可以多次重复，对进行初步确定范围研究特别有价值。但是区域模型的理论一般应用有限，因为它依赖于燃烧产物活动的假设。

区域模型针对的是特定问题，不能用于所有场合。

CFD 现场模型

CFD 模拟和区域模拟适用的传统方法截然不同。CFD 技术基本上不对烟雾物理运动进行假设，而是推演烟雾是如何和以怎样的速度充满密闭空间的。该模型目前已经可以避免求助于相关实验和回到流体流动的基本物理定律等原理。因此，这种模型具有普遍适用性。而采用这种方法，计算机技术是实现条件，没有计算机该技术就不会推进，因为向前模拟的每一步都包括解数学方程式。这就是为什么在认识到这种能力之前，区域方法要求助于简化假设的原因。

用于小的隔间时，两种模型的区别不显著，而用于大的隔间时，两种模型差别就很显著。这是因为区域方法是假设从天花板向下填充隔间。在很高的密闭空间（如罗马建筑的前室），火的活动可能不是这样的，如在火灾发生前地面和天花板之间的环境有可观的温差梯度。在大的密闭空间，烟雾不会保持在浮力层；在到达密闭空间的边缘之前可能冷却，并和底层空气混合。因此，也有必要模拟火灾发生前的条件。

利用计算机现场模型模拟，不需要预先判断，就可以预测特定火灾的烟雾流动活动，并可以评价这种情况下的烟雾控制策略。像对应的区域方法一样，这些模型能够对正在形成的危险与居民安全逃生可用的时间进行比较。

和区域模型相比，这种类型的模型相当复杂，需要用能力更强的计算机，而且限于专业人士使用。但是，随着计算机运算能力的增强和成本的逐渐降低，变化正在发生，重新建立的模拟模型能够为更多火灾安全从业者所用。

两种计算机模型都能提供关于自动检测器或自动洒水器的打开时间、建筑结构元素和可燃内容物受热程度以及居民逃离的信息。

使用区域模型还是现场模型，取决于具体应用。区域模拟成本比较低，但是使用时依据的假设可能不具备，如对大体积隔间的烟雾控制。类似地，设计任意大小隔间早期火灾检测时，火灾释放的能量与环境空气移动相关的热量相差不大，现场模拟就变得不可缺少。

从任何严格意义上来说，理论模拟还不能针对建筑物中可能发现的可燃材料提供火灾大小或发展速度的一般预测。

相反，必须不断向模型输入稳定或随时间变化的燃料挥发物释放速度的数据。对特定的火灾负荷，可以用实验数据、火灾统计、专家判断或者三者结合来确定。

方法

CFD 现场模型方法采用大量小隔间（cell）作为模拟空间。这些小隔间形成网格；在有些模型中网格必须形成几何图案，在其他模型中网格要按特别几何图案构建。计算机通过解方程确定进出每个小隔间的气体流向、速度和温度，因为流出一个小隔间将流入下一个小隔间，需要大量的相互作用才能求解方程。

目前已经开发了更多火灾模拟模型，并将其作为建筑设计过程中重要内容的一部分。但是，这些模型也被寻求用于现实火灾事故再现（如国王十字路口火灾[5,6]）。在评价模型可靠性时已经对此做了系统考虑，已经设计实验配备仪器正确地阐明模型的功能性质，为模型的精确性提供指南。要知道实验中材料的性质，最重要的是用模型测定火灾中热量释放的速度。如果模型用于调查现实火灾，很多输入数据必须从火灾现场或目击者的报告中推算。估计火灾热量释放速度可能必须取自火灾重建，或来自使用类似材料和配置进行的火灾实验（NIST 互联网网页中有许多一定物品燃烧的热量释放曲线，如家具）。

为了调查现实火灾事故，火灾工程师需要选用一种或多种合适的模型，去认识足够的设计和材料性质，估计相关的热量释放曲线。这导致不得不进行很多模拟，通过比较模拟结果与已知火灾事件，解决"如果……怎么……"的问题。选择合适的模型需要有模型假设和限制以及功能等方面的知识。

使用的模型

建筑物火灾事后使用的计算机模型包括：

- JASMINE[7]（密闭空间内烟雾运动分析），开发用于 CFD 的应用。

- CFAST[8]，一种多隔间区域模型。

- CRISP[9]（通过模拟方法计算风险指数），一种包括人类活动的多隔间区域模型。

- ASKFRS[10]。

- FPEtool[11]。

火灾工程师还有许多其他模型可用。最近可以从 NIST 网页[12]下载的模型包括：

- ALOFT-FTTM，大型户外火灾羽状轨迹模型——平坦地带。

- ASCOS，烟雾控制系统分析。

- ASET-B，可用安全进入时间——BASIC。

- ASMET，涉及烟雾管理工程。

- BREAK1，隔间火灾打破窗户玻璃的伯克利算法。

- CCFM，加固隔间火灾模型 VENTS 版本。

- CFAST，成熟的火和烟雾运送模型。

- DETACT-QS，探测器启动——准稳态。

- DETACT-T2，监测器启动——时间平方。

- ELVAC，电梯疏散。

- FASTLite，供工程师计算不同火灾现象的程序集。

- FIRDEMND，手持式消防软管灭火模型。

- FIRST，FIRe 模拟技术。

- FPETool，火灾保护工程工具（计算方程和火灾模拟脚本）。

- Jet，烟雾预测监测器启动和气体温度模型。

- LAVENT，有帘子和天花板通风孔的隔间火灾消防喷头反应。

- NIST 火灾动力学模拟器和烟雾观察器，NIST 火灾动力学模拟器可预测火、风和排风系统等引起的烟雾和空气流动，烟雾观察器可以看到 NIST FDS 产生的预测。

要使用免费获得的测算模型，用户必须说明其能够胜任使用。模型类型不能作为"黑箱"包使用。

合适模型的选择

若干因素影响模型的选择，其中包括性质范围、细节水平和可靠性程度。实际上，可用性、可靠性、费用和用户熟悉性也要考虑。

常用的方法是从简单模型开始以获得对问题的总揽，然后细化数据输入，使用更复杂和更详细的模型获得更加精确（或完整）的结果[13]。

使用模拟技术的结合，从简单模型方法开始到更复杂的技术，可以有效地指导调查人员得到事件的真实场景。但是这需要：

● 知道每种模型的功能和局限，以便理解不同模型的结果。例如，把来自区域模型层深的温度与 CFD 模型的温度进行比较。

● 根据众多资源构建现实热量释放速度曲线。包括：零星实验数据和小规模试验；目击证据（受事件再次收集不便、紧张或人为因素影响）；工程判断（如选择火灾发展曲线）。

● 材料性质（密度、比热容、热传导性等）。

● 确定火灾前期条件。比如：出现的材料；门窗的状态（关或开）；可能的火源点；加热、排风和空调以及建筑物管理系统的功能；环境条件，包括风压。

这或许需要大量系列可能条件，使用模型结果来优化或排除不同组合，火灾调查人员特别关心的是使用这些模型的限制。现叙述如下。

1. 热量释放速度

如前面提到的，目前还没有模型能够计算任意燃料的热量释放速度。热量释放速度，无论是稳态的还是随时间变化的，必须由用户输入。因为这个参数常常是调查人员最感兴趣的，被认为是对使用模型强加了显著的限制。事实上，热量释放速度是用户根据实验数据假定和估计的。现在已经有大量不同实验项目的热量释放数据。

一些需要的信息可能从火灾调查中获得。但是除非是由特别意图火灾模拟获得的，否则结果的精确度和细节价值有限。例如，英国火灾报告表包括最初发现火灾的地方和最初消防员到达的地方条目。在某些情况下，有可能得出精确的条目，如发现火灾时有一个箱托板燃烧，第一个消防员到达时已有三个。在其他情况下，火灾最初的发现可能更精细，如最初 1 m^2 的燃烧面积。模拟人员需要对每个数据项的精准性做出判断。

在现实事件中，一个隔间的模拟项目可能与其预期的应用不对应。虽然对特定建筑设计计算采用 NFPA "t^2" 热量释放速度曲线是合理的，但是对于现实事件的调查并不总是适合的。

现在还没有能反过来工作的模型，即从结尾到开始，把发现的事件输入模型，然后模型能够计算出开始状况（如热量释放速度）。

2. 其他开始条件

如前面提到的，对任何模拟几乎总需要作出开始条件的假设，如环境温度、风向和速度、门的状态和其他风道等。虽然这些变量大多可以用不同条件的多次尝试来评价，但是仔细确定仍很重要。

可靠性

模型的可靠性需要联系实际场景的模拟考虑，调查人员需要用应用证明模型足够好来满足。许多模型因缺乏科学用于火灾调查现场的可靠性而受困扰，这需要进一步的研究，而许多实验室正追求这一事项[14,15]。

需关心的其他领域包括：

● 输入的灵敏度。

● 误用的风险。

● 对数据假设的灵敏度。

● 使用者的技能等。

结果的解释

从这些实验模型获得结果可能相对容易，困难的是对其解读或确定精度。实验结果常常需要专家作出解读，在法庭上以非专业人士能够正确理解的方式呈现复杂的模拟实验是困难的。详细呈现的数据可能让人难以理解，但是过于简化的表述则可能导致误解。

还需要认识到，一些复杂的实验模型需要消耗大量的资源（时间和金钱），部分是因为需要的计算机规模，部分是因为数据输入的能力。因此，获得可靠的数据需要运用大量的模拟次数，但也需要克制。

一旦许多实际问题得到解决，火灾调查中使用计算机模拟具有了实际潜力，把计算机模拟用于协助火灾调查的兴趣就会逐渐增加[14-17]。用 CFD 模型协助国王十字路口火灾调查[5,6]会强化模拟对火灾调查和火灾科学界更广泛的潜在作用。先前讨论的关于实验设计、假设和报告的许多事项，同样可以用于法庭计算机模拟。模拟精度常常能误导非专家陪审团并造成错误印象，特别是在具有丰富多彩的动力学显示场合。

从火灾中吸取的教训

建筑中火灾安全系统几乎和所有其他工程系统不同，因为设计、执行和维护中的任何故障或失误在紧急情况下需要时会显现出来。随着进入复杂火灾安全工程时代，来自实际火灾的信息反哺火灾科学知识库变得更加重要。

对于任何建筑工程，火灾工程师必须遵守《建筑规程》[18]，但是这只专注"功能"需要。满足批准文件 B（AD B）推荐标准设计的建筑通常被认为满足规程[19]，这样的设计可以被建筑管理员（Building Control Officers）参考 AD B 评估批准。但是，满足已经确立和广泛认同的火灾安全行业规范，如 BS 7974，依据建筑设计火灾安全工程原理的实践规范，推荐标准[20]也满足规程。规划的 BS 999，建筑设计、建造和使用中的火灾安全实践行业规范[21]，是介于 AD B 和 BS 7974 之间的规则。

　其他行业（如铁路行业）采用类似的方法，需要说明工程上使用方案的安全性等同于指定性规范[22]。

　能够增强火灾工程设计的持续再评估知识库非常重要。保护生命和财产的有效的火灾安全工程系统需要许多次级系统的协调配合，包括火灾的发生和发展，烟雾和有毒气体的扩散，火的扩散、检测、报警、压制，火灾服务和撤离等。不同火灾发展阶段需要不同的火灾保护措施，这取决于火灾安全系统是否主要设计用于保护生命和财产安全。由于主动火灾保护措施（如检测器和喷淋）响应时间、居住者撤离响应时间和建筑结构保持完整的时间不同，复杂性还会增加。其他设计策略基于风险评估，在风险评估中对不同策略产生的连锁反应事件及其结果（如用死伤人数衡量）进行比较。

　"风险评估"总是隐含在火灾安全或其他安全设计中。现在，这样的安全评估方法更加量化，不可避免地会引起关注（如"可以接受"损失）。这些风险方法中使用的数据的可靠性变得非常重要。

　类似的，计算机模拟工具需要输入数据，有些数据基于推测或者具体假设（如燃烧速度）。要能够有信心地使用火灾模拟工具，必须有可靠的传承和正确理解模拟方法的假设、局限和结果解释。

　需要从真实火灾获得的事项实例如下：

● 火灾负载（fire load）——建筑的典型（或设计案例）火灾负载是多大？现有规范的假设（还）合理吗？

● 逃生时间（escape time）——人逃离需要多长时间？思考、经过、走错路都需要花多少时间？

● 逃生路径选择（escape route choice）——人们曾经使用紧急出口吗？

● 检测(detection)——检测器起作用吗？如预料那样报警吗？

报警信息如预料那样快吗？

- 火源（ignition source）——关于火源的假设合理吗？是否有的没有被考虑？有的从来没发生？
- 火灾蔓延（fire-spread）——火灾如预料的方式蔓延吗？同预料速度一样、比预料快还是比预料慢？
- 材料和结构性质（material and structural properties）——在实际火灾中，测试方法是否显示材料和结构表现令人满意？
- 跳火（flashover）——导致跳火过程的假设合理吗？
- 闷烧（smouldering）——闷烧发展成火焰的机理是什么？燃烧的烟头引起火焰的机会多吗？
- 能见度（visibility）——在实际火警中人们对烟雾的反应如何？会做出什么决定？
- 容忍度（tenability）——对人的实验非常难。受害人经历的条件可以量化吗？可以与伤害关联起来吗？
- 标识（signage）——在火警中人们会寻找警示标识吗？人们是否曾经遵守这些标识？
- 天气（weather）——不利（或有利）的天气条件是如何影响火灾结果的？多长时间影响一次？
- 未知因素（X-unknown）——是否有影响发生火灾的因素完全不在当前设计分析中？
- 神话传说（myths and legends）—— 是否有仔细考虑到设计中存在但是对火灾结果完全没有影响的因素？
- 火灾风险（fire risk）——什么事件很可能导致火灾发生？这可能是火灾调查最需要考虑的事项。

几个火灾调查信息反馈火灾工程的实例如下：

- 伍尔沃思大火（曼彻斯特），1979年5月。该火灾显示，堆放的货物可能阻碍很大一部分来自喷淋的火灾负荷。

- 星尘迪斯科大火（都柏林），1981 年 2 月。该火灾说明，同样材料，垂直使用和水平使用时，在火灾中的表现会不同。

- 国王十字街大火（伦敦），1987 年 11 月。对该火灾的调查导致认定"壕沟效应"。

- 四季酒店大火（阿维莫尔），1995 年 1 月。该火灾确定了不良空腔火灾封堵效果以及不利天气条件的可能或潜在影响。

- 英吉利海峡隧道大火，1996 年 11 月。该火灾说明火灾安全管理的重要性。

- 拉德布鲁克丛林大火（伦敦），1999 年 10 月。两种不易着火的成分结合，产生"灯芯"作用，造成碰撞后跳火。

其他不太知名的火灾说明了设计成分的重要性，如房顶结构中的甲板、塑料屋檐、防风雨保护层、夹心板、蜡烛、电视机、盒式录像带等。

随着火灾安全工程的发展，为了充分保护生命，建筑中引入的被动、主动和程序性火灾安全系统的有效性、表现和可靠性变得更加重要。进入火灾安全工程设计的数据、假设和方法必须反映现实世界发生的火灾，并且有充足的经费保障。

结论

因为所有的火灾事件各不相同，因此所有的重建实验也都不同，几乎不可能预先规划好。然而，某些知识还是可行和有价值的，有助于火灾调查的早期规划。

必须厘清实验的责任线条。有必要先明确实验的管理和沟通，确定当事人、当事人机构对于实验室的需求，以此确定重建实验的目标。重建实验往往花费不菲，几乎总是资源不足，所以有必要确定某些限制（大多数是时间和金钱）以及对现有事件的认识。任何假设都需要经过同意和有文件支撑。

重建实验报告必须清楚地阐述任何假设，需要确定在对抗的法庭争辩中能被非技术人员和门外汉听懂。

致谢

本章的付稿得到了建筑研究所有限公司 CEO 的许可。还要感谢理查德·奇蒂在计算机模拟业务方面的相助。

参考文献

1. BS 5852: Part 2: 1982; Fire tests for furniture, Methods of test for the ignitability of upholstered composites for seating by flaming sources. BSI.

2. Report of the Tribunal of Inquiry on the fire at Stardust, Artane, Dublin on the 14th February, 1981, Dublin, 1982.

3. Fire Protection Measures for the Royal Palace (1993), A report by Sir Alan Bailey KCB, Department of National Heritage, London HMSO, May.

4. Andrew Russell (1996), Concern over carpeting after fatal house fire, Fire, March.

5. Investigation into the King's Cross Underground Fire, Department of Transport, HMSO, 1988.

6. G. Cox, R. Chitty, and S. Kumar (1989), Fire modeling and the King's Cross fire investigation. *Fire Safety Journal*, 15: 103- 106. [See also K. Moodia, and S. F. Jagger (1987), Fire at King's Cross Underground Station, 18 September 1987, Health and Safety Executive, 1987, and King's Cross Underground fire: fire dynamics and the organization of safety, Seminar organized by the Institution of Mechanical Engineers, 1

June, 1989.]

7. G. Cox and S. Kumar (1987), Field modeling of fire in forced ventilated enclosures, *Combustion Science and Technology*, 5, 7-23.

8. R. D. Peacock, G. P. Forney, P. A. Reneke, R. M. Portier and W. W. Jones (1993), "CFAST, the Consolidated model of Fire growth and Smoke Transport". NIST Technical Note 1299.

9. J. N. Fraser-Mitchell (1998), Modeling human behavior within the fire risk assessment tool "CRISP". Human Behavior in Fire — Proceedings of the First International Symposium, pp. 447-457, University of Ulster.

10. R. Chitty and G. Cox (1988), ASKFRS: an interactive computer program for conducting fire engineering estimations, AP46, BRE.

11. H. E. Nelson (1990), FPETOOL- Fire protection tools for hazard estimation, NISTIR 4380, NIST, Gaithersburg, MD, USA.

12. NIST web site: http://www.bfrl.nist.gov/.

13. *The SFPE Handbook of Fire Protection Engineering* (2002), Third Edition, National Fire Protection Association and the Society of Fire Protection Engineering, USA.

14. R. Chitty and J. Foster (2001), Application of computer modeling to real fire incidents, interflam 2001, Edinburgh 17-19 September.

15. G. Cox (1987), Simulating fires in building by computer-the state of the art, *Journal of Forensic Science Society*, 27(3), pp. 23.

16. H. E. Nelson (1994), Fire growth analysis of the fire of March 20, 1990. Pulaski Building, 20 Massachusetts Avenue, N. W. Washington, DC. NISTIR 4489; 51 pp. June.

17. Z. Yan and G. Holmstdt (2001), Investigation of the dance hall fire in Gothenburg, October 1998a comparison between human observation and CFD simulation, Interflam 2001, Edinburgh 17-19 September.

18. The Building Regulations 1991, S.I. 1991 No. 2768 plus amendments.

19. The Building Regulations 1991, Approved Document B Fire Safety, HMSO 2000.

20. BS 7974:2001, Code of Practice on the Application of Fire Safety Engineering Principles to the Design of Buildings, BSI.

21. BS 9999, Code of Practice for fire safety in the design, construction and use of Buildings, at the time of writing limited to private circulation within BSI.

22. British Standard Code of practice for fire precautions in the design and construction of railway passenger carrying trains. BS 6853:1999.

附录 A：火灾试验标准

火阻

建筑结构元素屹立不倒，在一定时间内阻止火灾、热量和烟雾通过，通常有足够时间供居住者撤离的抗火能力量度。测试方法见 BS 476– 第 20 部分等，假设火灾已经发展到相当严重的程度（后跳火阶段）。

对火的反应

对火的反应试验用于评估很多性质和材料。着火性评估材料是否容易着火。可燃性评估材料放到火中受到火作用时是否能燃烧。蔓延性评估火是否能够漫过材料的表面（特别是墙壁的衬里）。

下列标准试验用于建材产品：

BS 476–3:1975　建筑材料和结构的火灾试验。外部暴露于火的庇护试验。

BS 476–4:1970　建筑材料和结构的火灾试验。材料的非可燃性试验。

BS 476–6:1989　建筑材料和结构的火灾试验。产品的传火试验方法。

BS 476–7:1997　建筑材料和结构的火灾试验。确定产品表面传火的分类测试方法。

BS 476–10:1983　建筑材料和结构的火灾试验。火灾试验的原理与应用指南。

BS 476–11:1982　建筑材料和结构的火灾试验。建筑材料热辐射的评估方法。

BS 476-12:1991 建筑材料和结构的火灾试验。直火侵袭产品的可燃性试验方法。

BS 476-13:1987，ISO 5657:1986 建筑材料和结构的火灾试验。产品受到热辐射的点燃性试验方法。

BS 476-15:1993，ISO 5660-1:1993 建筑材料和结构的火灾试验。产品放热速度的测量方法。

BS 476-20:1987 建筑材料和结构的火灾试验。结构元素的火阻测定方法（一般原理）。

BS 476-21:1987 建筑材料和结构的火灾试验。结构的承重元素火阻测定方法。

BS 476-22:1987 建筑材料和结构的火灾试验。结构的非承重元素火阻测定方法。

BS 476-23:1987 建筑材料和结构的火灾试验。结构的火阻组件贡献测定方法。

BS 476-24:1987 建筑材料和结构的火灾试验。排风管道的火阻测定方法。

BS 476-31:1983 建筑材料和结构的火灾试验。烟雾透过门缝和百叶装置的测定方法。测定周围温度条件的方法。

BS 476-32:1989 建筑材料和结构的火灾试验。建筑物内全面火灾的试验指南。

BS 476-33:1993，ISO 9705:1993 建筑材料和结构的火灾试验。表面产物的全面室内试验。

BS ISO TR 5658-1:1997 火势反应试验。火焰速度、火势蔓延的指导试验。

BS ISO 5658-2:1996 火势反应试验。火焰速度、垂直构型建筑产物的横向蔓延试验。

BS ISO 5658-4:2001 火势反应试验。火焰速度、垂直方向火焰蔓延的中等规模试验。

BS ISO TR 11925-1:1999 火势反应试验。受到直火侵袭的建筑产品的可点燃性试验。可点燃性指导。

BS ISO TR 11925-2:2002 火势反应试验。受到直火侵袭的建筑产品的可点燃性试验。单火源试验。

BS ISO TR 11925-3:1997 火势反应试验。受到直火侵袭的建筑产品的可点燃性试验。多火源试验。

BS ISO TR 11925-2:1997 火势反应试验。受到直火侵袭的建筑产品的可点燃性试验。单火源试验。

BS EN ISO 9239-1:2002 火势反应试验。地面覆盖系统水平面上的火焰速度试验。用辐射热源试验燃烧活动。

另外，许多其他建筑产品和行业有特别的火灾试验。火灾调查人员需要为涉及的特定产品确定合适的试验。

附录 B：建筑研究所（FRS）

1989 年以来，这个项目已经被 FRS 火灾调查队基本满足。该队对现行的建筑规程、行业规范和标准检验有重要影响的火灾，对当前研究有重要影响的火灾、对部长和官员特别感兴趣的火灾等，均有检验的职责。该队能够接触到 FRS 所有的研究人员，更广泛地接触到建筑研究所（FRS），研究所人员能够为火灾调查提供各方面专业指导，如各类建筑表现、排风系统、材料和火灾蔓延速度等。收集的信息可以满足 ODPM 特别需要，但必须是带有提供更新文件需要的早期预警专题。这些连续评述也可以强调支撑目前指导的有用性和有效性。

正是这些方法对了解建筑物内火灾重要影响的广度具有被证明的用途。例如，对导致大的单层建筑和夹芯板结构相关问题认定的工厂火灾调查，是改变 2000 年签发的 AD B 版的基础。对涉及桁架椽屋顶的调查，引发了 ODPM 对这个题目的研究。在许多其他场合，现行指导的有效性已经得到说明。FRS 也能够为苏格兰办公室、北爱尔兰办公室、总部办公室、DTI 等合适单位提供类似的信息。

除了有经验的 FRS 人员调查现场所获得的信息，信息还有许多来源，包括警察、救火队员、法庭科学家、私立机构火灾咨询人员等。FRS 人员在火灾现场内外能见到其他机构的调查人员，但是所有其他机构几乎毫无例外地关心确定火灾的原因，确定对发生的火灾谁应该受到处罚，确定调查的可靠性。FRS 调查人员以 ODPM 的名义加入调查，不是要和其他调查人员竞争，而是他们出于国家对生命安全利益的责任作出正面反应。但是，如果偶尔有法庭案件发生需要审理，信息就会被耽搁。为了保持这些重要的工作关系，FRS 一般要避免进行私人法庭调查，但还是被牵扯进英国和欧洲的一些法庭调查中。此外，他们还从文献综述和查阅 ODPM 火灾统计数据库中获得信息。

极少有国家采用这种连续的系统方法，对一般火灾的重要性进行检查（见附录 C）。

对火灾调查的其他支持，还包括训练研讨示范、信息交流专题研讨、统计分析（使用英国火灾统计报告数据库）、计算机模拟（使用区域模拟、计算流量动力、虚拟现实）、化学和元素分析（包括电子显微镜法、离子色谱法、GC 和 GC–MS）等。

附录 C：火灾试验实验室

下列机构提供对火灾调查人员有帮助的实验室服务（注意：不包括法庭实验室和海外实验室）。

联合保护损失委员会（LPC）

加斯顿，沃特福德，WD25 9XX，UK

电话：+44 (0)1923 664960

传真：+44 (0)1923 664910

E-mail: shippm@bre.co.uk

危险工程集团健康与安全实验室

哈珀山，巴克斯顿

德比郡 SK17 9JN, UK

电话：+44 (0)1142 892007

传真：+44 (0)1142 892010

阿尔斯特大学火灾安全工程研究与技术中心（FireSERT）

乔丹斯顿，纽敦阿比

BT37 0QB, 北爱尔兰

电话：+44 (0)1232 368701

传真：+44 (0)1232 368700

爱丁堡国王建筑大学克鲁大楼火灾安全工程集团

爱丁堡 EH9 3JN

苏格兰，UK

电话：+44 (0)131-650-7161

传真：+44 (0)131-667-9238

计算与数学科学学院火灾安全工程集团

格林威治大学公园道 30 号

伦敦 SE10 9LS, UK

电话：+44 (0)028-331-8730

传真：+44 (0)208-331-8925

异常科学与环境中心

阿克沃德路

圣奥尔本斯

赫兹 AL4 0JY, UK

电话：+44 (0) 1727 840580

传真：+44 (0) 1925 655419

沃灵顿火灾研究中心

霍姆斯菲尔德路，沃灵顿

WA1 2DS, UK

电话：+44 (0)1925 655116

传真：+44 (0)1925 655419

TTL 奇尔特恩（TRADA）中心

奇尔特恩宅

斯托金小道

休恩登谷，海威科姆

白金汉郡 HP14 ND, UK

电话：+44 (0)1494 563091

传真：+44 (0)1494 565487

5 涉及火灾残留物样品分析的现代实验室方法

雷塔·纽曼

引言

可燃液体检测可用于支持火灾中使用助燃剂的假设，提供关于助燃剂潜在来源或使用助燃剂的侦查信息，增强火场发现与侦查的其他相关助燃液体的联系认识，进一步强化火场和嫌疑人的联系。

当现场的火指示剂显示是倾倒助燃剂的纵火火灾，在相关残渣中认定可燃液体残留物可以协助和支持侦查人员确认纵火。在多个样品中鉴定出相似的可燃液体时，这一判定尤其正确。

将现场残留物中的可燃液体残留物与在其他地方发现的可燃产品容器进行比较鉴定，可以提供与一定内容相关的排除信息。但可燃液体的性质一般不能得出可燃液体之间确定的联系，因为可燃液体分析一般是种类认定而不是同一认定，被检测的可燃液体根据组成成分分类。实验室可以提供关于测定的可燃液体的功能和应用信息，这对调查人员确定可能的起火原因有一定帮助。这些信息不仅可以用于确定助燃剂可能的来源，还可以用于确定可燃液体的同一来源，这在火灾调查中同样重要。

最后，调查人员在火灾现场要隔离潜在的嫌疑人，分析嫌疑人的供述和所有物品，并与火灾现场样品进行比较，以确定是否含有类似的可燃液体来支持调查。

　　确定是否含有可燃液体的火灾现场样品的实验室分析，包括四个过程：样品评估、样品制备、仪器分析和数据解释。仪器分析和产生的数据解释将在第6章全面介绍。本章重点介绍样品处理方法，即如何将样品转化为仪器分析可以直接使用的样品。

　　本章专门讲述不同样品处理和可燃液体提取的方法，包括理论、应用和优点、局限；还讲述关于何时、使用何种最合适提取方法的决定过程。

样品制备

　　分析火灾残留物和相关样品是否含有可燃液体用气相色谱法（见第6章）。这种化学仪器需要引入的样品为易挥发液体或气相，因此仪器分析前大多数样品需要从样品基质中分离出可燃液体成分。有几种萃取或分离方法可以实现这个目的，没有任何一种方法可以处理所有样品。最常见的方法是简单顶空处理法、吸附法和溶剂萃取法。

　　为了确定哪种方法最适合从给定的基质中分离出代表性的可燃液体成分，必须了解分析物的化学性质。大多数情况下可燃液体可以分为三种类型：石油提炼物，如汽油和煤油；天然提取物，如萜烯和柠檬烯；氧化物，如丙酮和醇类。在这些种类中，可燃液体还可以进一步根据化学组成和沸程分类。可燃液体的详细介绍见第6章，本章主要提供一个简短的概述。

可燃液体

　　助燃剂是容易被一般消费者获得的可燃液体。汽油是最常见的助燃剂。其他燃料，包括轻质油、家用取暖燃料和柴油燃料，也很常见。大多数油漆稀释剂、溶剂、取暖和机器燃料，包括汽油，都是石油产品。这些产品一般是由沸点从戊烷（C5）到二十烷（C20）

范围的多种（常常是数百种）化合物组成 [注意：因为最容易燃烧的液体含有烃，其挥发性一般根据流出顺序和正构烷烃的沸点描述。"C#"指对应碳数的正构烷烃，如 C8 指辛烷（C8H18）、C9 指壬烷（C9H20）]。

虽然主要存在于 C5~C20 范围，石油类可燃液体还可通过更具体的沸点范围进一步分类。轻质产品主要是在 C4~C9，中等质量产品主要是在 C8~C13，重质产品主要是在 C9~C20+[1]。沸点范围是确定合适提取方法、优化方法获得最佳回收率的重要因素。

另一类容易获得的可燃液体是含氧溶剂。这些产品可能是单组分的，也可能是和其他化学品的混合产品，其他化学品可能包括含氧化合物或石油产品。最容易获得的含氧溶剂包括丙酮（指甲油清除剂、油漆清洗剂、清洗溶剂）、异丙醇（擦洗醇）和甲乙酮（油漆清除剂、清洗溶剂）。火灾残留物分析师感兴趣的含氧化合物大多数非常容易挥发，比对应的石油产品更容易挥发，沸点比己烷（C6）还低。

回收和检测用作助燃剂的含氧溶剂，因其很高的挥发性和水溶性而非常有限。更多的情况是在火灾中烧掉或挥发了，或者在灭火中被冲洗掉了。

含氧产物还可以作为不完全燃烧产物形成，所以收集到的残留样品中的少量含氧化合物应作为嫌疑物 [2]。出于这个原因，很多实验室对高度挥发性含氧产物的存在不做日常筛选。

天然提取的可燃液体（一般为萜烯，而且不同来源具有不同性质）是由烃组成的，通常沸点范围介于轻质和中等质量的石油产品之间，用类似的样品处理方法容易检测到。如前所述，虽然有些处理方法比其他方法对大多数样品具有更广泛的适用性，但是没有一种处理方法可以满足各种介质中所有类型可燃液体的检测需要。

　　对于不同的样品介质，每一种处理方法都有优点和缺点。要对给定的样品选择最好的处理方法，分析人员必须考虑样品的组成、嫌疑可燃液体的性质、分析的目的、为其他（如指纹）法庭分析保留物证、可燃液体的浓度等。显然，在进行起始或初步分析之前有些因素无法确定。有些情况下，对给定的样品可能需要选择不止一种样品处理方法，这时，分析人员必须根据样品消耗以及提供最佳证据的可能性，优先采用某些方法。样品评估是分析人员提出分析方法的第一步，在此先介绍每一种样品的处理方法，后面再讨论哪一种处理方法对特定样品是最佳的。

样品制备方法

顶空法

　　最常见的样品处理方法是顶空法（headspace）。一般有两种顶空方法：简单顶空取样法和吸附法。不管是什么介质，一般而言，顶空处理法最干净，受到样品基质影响最小。

　　顶空法处理样品是利用简单的挥发和浓缩原理。根据性质，可燃液体由挥发性化合物组成。通过从不挥发性成分中蒸发挥发性化合物，达到同样品基质分离，整个过程很简单。通常将包括固体残留物的原始样品置于小瓶（一般为钢瓶、玻璃瓶）或者气密性良好的聚合物袋中，借助加热，挥发性化合物蒸发到容器内空气部分（顶空），一部分被收集和用于分析。

　　如果样品中存在可燃液体，提取参数得到正确的优化，任何可燃液体的蒸气将会出现在顶空中，得到提取。来自样品基质的挥发性组分，包括热裂解和燃烧产物，也会出现在顶空中，在结果数据中产生干扰峰（见第 6 章）。

　　顶空中的物质可以是被动提取，即挥发物被提取到密封的顶空中；也可以是动态地将顶空中的挥发物用气流吹离容器而提取。简单顶空取样和被动吸附取样均为密闭系统（被动）方法，挥发性化合物的分离和顶空样品的采集应在密闭的容器中进行。动态吸附是开放系统方法，以气流形式的外力加快环境之外的顶空样品的采集。

一定温度下的密闭系统将会达到平衡状态，此时进入蒸气相的分子数目等于回到液态（凝固）相的分子数目。当液体分子获得足够能量，摆脱液态相分子间的力进入蒸气相，就发生了蒸发或挥发。当分子的能量水平降低就会发生凝聚。提高温度将增加动能，进而导致给定化合物蒸发速度加快。

在密闭系统中，挥发的分子将保持在顶空中。在开放系统中，分子溢出到外部环境中。密闭系统中的顶空成分取决于系统中每一种挥发性组分的浓度（摩尔分数）、每一种组分的挥发性和系统温度。在火灾残留物分析中，必须优化系统温度，使挥发性化合物在顶空中出现的可能性达到最佳，但由于可燃性液体含有数种化合物，且挥发性差异大，所以温度的优化具有挑战性。

作为简单的实例，可考虑由四种组分组成的理论上的可燃液体，四种组分的挥发性（沸点）范围很宽。在给定温度下，顶空组成是一定的。每一种组分挥发速度等于凝结速度。在较低的温度下，化合物 A 具有较高的蒸气压，在顶空中含量较多，而组分 D 蒸气压低，在液相中含量较高。分析结果有利于认识轻质化合物。随着温度升高，分子能量增加，每个组分蒸发的速度提高，因此每个化合物的平衡向蒸气相移动，较高的温度对沸点范围宽的混合物出现有利。

然而，掌握完全挥发大量沸点范围很宽的可燃液体产品温度是不现实的。高温能够引起基体分解增加，导致顶空样品中热裂解干扰化合物增加。高温还能引起蒸气压增加（特别是有水存在时），能够导致容器的损坏，引起样品同样性的破坏，对分析人员产生严重的安全风险。高温还会引起替代或吸附过程变坏，导致数据错误。分析人员必须优化温度以获得最佳的顶空组成，但是必须记住顶空成分与原始可燃液体组分不是真正相同的。

　　每一种样品处理方法都有局限性。一些方法对处理低沸点化合物有用，而另一些方法对处理高沸点化合物有用。每一种方法都必须考虑具体参数，对于给定样品所组成的这些参数有时需要调整。只要分析人员认识到每一种样品处理方法的局限性，并能根据每一种方法解释所产生的仪器数据，这些局限就不会降低分析人员准确鉴定可燃液体残留物种类的能力。

　　简单顶空取样法

　　简单顶空取样法是最基本的顶空处理方法，是所有样品处理方法中最简单、最清晰的。采用简单顶空取样法时应注意以下几点：样品容器被穿刺后要用胶带或隔垫密封。样品容器和针管要置于恒温下，通常为室温至 90℃（温度随嫌疑可燃液体的类型和浓度而变化）。要加热针管，防止取样时顶空中的样品在针管内凝结。针头要插入样品顶空部分，抽取一小份样品到针管内，再直接注射到气相色谱仪中（见图 5.1）。

　　被分析的蒸气组成取决于样品组成和系统温度。简单顶空取样法没有浓缩法的灵敏度高，是初级样品处理方法，效率非常有限。简单顶空取样法对挥发性较高的可燃液体分析非常有效，包括低沸点含氧溶剂（如乙醇、丙酮），以及高浓度的低到中沸程（C5~C13）的石油产品。高沸点化合物在提取样品中浓度一般不高，所以这种方法不是很有效。

　　简单顶空取样法的优点是提取沸点很低的化合物既快又有效；缺点是灵敏度低，特别是和吸附法相比，对提取高沸点化合物无效。

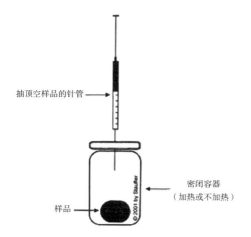

抽顶空样品的针管 ←

密闭容器
（加热或不加热）

样品 →

图 5.1 简单顶空取样图（样图复制得到 E. 斯陶费尔允许）

吸附理论

引言

最广泛应用的样品处理方法是吸附法。吸附是气体或液体分子在固体（恰当的叫法是吸附剂）表面的浓缩。在火灾残留物分析中，吸附物几乎毫无例外地用吸附法提取，尽管分析物也可以直接从水溶液样品中分离。在吸附法应用中，将吸附剂加入样品瓶顶空中，采集挥发性化合物为代表并加以浓缩，然后除去吸附剂，吸附的组分被脱附用于分析。

吸附剂的性质使其能够捕集和保留不同类型的化合物。因为最易燃的液体含有非极性烃，而大部分样品基质因灭火变潮湿，理想的吸附剂应为厌水型非极性吸附剂。可燃液体提取最常用的吸附剂为活性炭和 Tenax。其他吸附剂，包括不同固相微萃取（SPME）纤维等，但使用有限。

最终吸附和分析的样品实际组成取决于许多因素，包括吸附剂性质、被吸附物性质、系统性质等。吸附剂性质包括化学组成、表面结构和体积。被吸附物性质包括功能团、体积等化学结构和挥发性。系统性质包括顶空体积、基体组成以及最为重要的温度。

吸附剂通过分子间的作用力连着被吸附物，这是物理吸附过程，被吸附物质的化学结构不变。吸附是瞬时发生的，但不是不可逆的。当被吸附物接触吸附剂后，就会被吸附，附着时间长短取决于吸附性。这是前文中所提到的因素的函数，下面还要进行讨论。

吸附剂性质

首先也是最重要的，是选择的吸附剂必须有助于非极性化合物。活性炭是常用于火灾残留物分析的吸附剂，用椰壳破坏性蒸馏生产，产生的表面结构含有大量不一致的小裂痕，叫作大孔、中孔、微孔。在吸附过程中，大孔起到吸附通道的作用。活性炭适用于沸点范围很宽的化合物（0℃~260℃）的收集[3]，尤其适用于非极性烃的吸附。随着极性的增加，碳吸附效率降低，因此顶空中极性较大的化合物（通常为样品基质产生）吸附得少。

Tenax 是用 2,6- 二苯撑氧化物合成的多孔聚合物。虽然使用 Tenax 的回收率比活性炭低得多（50℃~300℃）[5]，但是非常适合用于沸点范围在 35℃~300℃的 C5~C20 烃的火灾残留物分析。相比之下，Tenax 对回收高分子量化合物更有效，而活性炭对小分子的回收率更好。因此，提取同样的样品，其他因素相同下，对于高沸点化合物 Tenax TA 产生的数据比活性炭好，这些差异在总体分析方法和结果数据解读中可以说明，不应该影响分析过程。可靠性评价和应用已经显示，Tenax 和活性炭都是大多数可燃液体合适而有效的吸附剂。

在 SPME 中，硅胶纤维上覆盖着吸附剂。如 Tenax TA，SPME

纤维上的吸附剂是聚合物基的。聚二甲基硅酮（PDMS）是最常推荐使用的吸附火灾残留物样品中烃的纤维[5,6]，也是常用于分析可燃液体的气相色谱非极性毛细管色谱柱内的薄膜成分（见第 6 章）。PDMS 的最有效的分析物沸点范围在文献中看不到，但是从同样试验中采集的数据看，似乎比 Tenax 适用的化合物沸点范围高。

在优化方法中需要考虑的第二个吸附剂性质是孔隙的大小和分布，这是表面性质的函数，是发生吸附的表面积，它必须优化到包括沸点为 C5~C20 烃的不同构型。太小孔径的吸附剂对大分子产生立体阻碍，而带有很大孔径的吸附剂将产生有利于大分子量烃的较快的吸取速度。现实中运用的问题主要是对活性炭的选择，因为聚合物 Tenax 和 PDMS 的孔径比较均匀。

最后，吸附剂的量必须足够收集顶空中的代表性样品。吸附剂的容量有限，当容量超过被吸附物种的性质，就会吸附对吸附剂具有较大吸附能力的化合物。对于活性炭、Tenax、PDMS SPME 纤维，大分子量化合物比低分子量化合物被吸附得更好。当超过吸附容量时，可能产生不成比例的顶空样品被吸附，这种现象叫顶替（displacement）。除了极端的情况，一般不会对可燃液体种类鉴定产生错误的结果。

另外需要考虑的是，对于活性炭和一些 SPME 纤维，芳香化合物比脂肪化合物具有更大的吸附亲和力。一般来说，除非吸附剂基本上饱和了，这种可能影响回收率的特别倾向性，不大可能达到妨碍可燃液体正确鉴定的程度，分析人员只需知道在解读分析数据阶段补充说明这一现象即可。

被吸附物性质

活性炭特别适合用于提取 C5~C18 的烃，对 C18~C20+ 的化合物提取也能用。虽然活性炭已经用于采集含氧溶剂[7]，其他吸附剂或提取方法将更适合用于那些低沸点和有较大极性的化合物更准确和成比例地提取。

Tenax TA 适用于极性和非极性分析物提取，但是对低沸点化合物提取效果较差（包括许多已发现的、令人感兴趣的含氧化合物）。PDMS SPME 纤维也同样，但可以使用包含 Carboxen/PDMS 的纤维，这些纤维已经可以买到，效果良好 [8]。

一旦选择了一种吸附剂，顶空组分、浓度和系统温度将是决定被吸附物种组成的最大因素 [9]。在有些情况下，使用不同参数的多种提取方法获得最佳代表性数据是必要的。

系统性质

顶空体积必须足够大，以便有足够的空间让挥发性化合物扩散。而体积小虽有利于低沸点化合物提取，但能够导致可燃液体沸点范围明显的漂移 [10]，这是使用非刚性容器（聚合物物证袋）提取样品的明显的问题。如果容器的顶空体积不足，低沸点化合物会弥散于顶空。推荐用气流吹大顶空，以保证有足够的顶空体积。

基质组成是火灾残留物中可燃液体吸附的另一个重要因素。样品基质中的吸附材料会阻碍挥发，对提取炭灰残留物虽然不是很有效，但是和活性炭具有类似的吸附性质。一般来说，炭灰残留物将会保留高分子量化合物，而且在有些情况下会保留芳香化合物，因而在顶空中这类化合物减少，所以分析的样品在顶空中不成比例。一般来说，存在炭灰残留物时，吸附大于 C18 的化合物会出现不一致或不成比例的现象。当然，可燃液体的浓度很高或基体的吸附性质不够大时除外，但是作为一般规律，只用吸附提取法，分析人员无法区分煤油的重质石油产品（C9~C18）和柴油的重质石油产品（C9~C25）[10]。

最后，温度是系统最重要的因素。吸附温度以两种竞争方式影响被吸附物种的组成：高温有利于石油可燃物宽沸程组分化合物的挥发和最好的表现，高温将产生低沸点化合物的脱附，使最终吸附的物种向高沸点化合物偏移。吸附顶空方法一般使用的温度为 60℃~80℃，这样可以调和这两个影响。

吸附温度必须能使沸点范围为 C6~C20 可燃液体组分成比例地出现并被捕集到吸附剂上。环境温度一般适用于中等至高浓度、轻质至中等质量的石油产品，但是一般需要加热，以便使中等至重质产品挥发。虽然高温使总体顶空浓度增加，低挥发性化合物一般有更高的浓度，但是不能证明有利于提取，而且事实上能够阻碍吸附萃取。

如前所述，担心高温导致危险的高蒸气压，可能增加基体的热分解。吸附过程本身也受热影响，提高温度可增加吸附选择性。另外，虽然在中等温度下一般不会显著到影响正确结论，但在高温下置换速度显著增加，能够产生不正确的取样和不正常的可燃液体分析数据。

温度升高导致分子动能升高。能量升高导致总体保留时间减少，置换过程加快，因为易挥发分子热脱附速度加快，被不易挥发的分子不成比例地置换，因此，吸附取样温度必须平衡，使从原来样品中挥发到顶空中的挥发物浓度适中，最终使吸附样品很好地反映在顶空中。一般而言，温度 60℃~80℃是不同可燃液体筛选和取样理想的考虑范围，除特别容易挥发的样品（如轻质石油产品汽油等）在室温下就可能被快速提取。

吸附方法

被动活性炭吸附

到目前为止，美国最常用的火灾残留物提取方法是用活性炭吸附，发现用椰壳制作的活性炭提取 C6~C18 烃是最有效的。活性炭可以用于被动或动态系统物质。在被动系统中，顶空中可燃液体的蒸气通过简单的扩散接触吸附剂；在动态系统中，则是把可燃液体的蒸气流引入系统，使吸附剂和被吸附物接触。

被动顶空浓缩可燃液体蒸气的方法很简单，设备也很简单。活性炭通常装在惰性聚合物条中，悬挂在样品容器的顶空中（见图 5.2）[11]。分子通过简单扩散迁移，挥发的分子在顶空中随机地运动，直到和吸附剂碰撞被吸附。如之前介绍的，顶空的组成是单个组分挥发性数值和系统温度的函数。

分子保持吸附，直到获得足够能量回到顶空中。当获得足够能量，液体分子回到气相。根据烃在活性炭上的吸附，不同的是吸附力只有凝聚力的 2~3 倍。因为大分子量的烃比小分子量烃挥发性低，高沸点化合物对吸附剂的亲和力大。

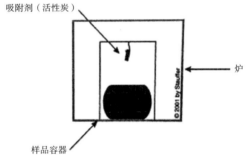

图 5.2　用装在聚合物条中的活性炭进行被动顶空吸附取样
（样图复制得到 E. 施陶费尔允许）

吸附剂具有一定的容量，其容量大小与表面结构和大致体积有关。如果顶空中样品化合物的蒸气的浓度高，超过了吸附剂的容量，就可能发生重化合物置换轻化合物的现象。和脂肪化合物相比，芳香化合物的亲和力虽不太强但是很重要。在亲和力特别强的样品中，可能在最终吸附的物种中存在较多的芳香化合物。除了特别的样品，只要分析人员知道数据比较和解读中置换作用的补偿，置换就不影响总体数据解读。使用活性炭的被动顶空浓缩取样法，直接影响提取顶空中真正代表性样品的相关参数有：温度、时间、吸附剂性质、挥发物浓度和脱附溶剂[11]等。

一旦确定了吸附温度（一般在 60℃~80℃范围），必须确定提取时间，提取时间必须和温度平衡。吸附时间定义为保持活性炭和顶空接触的时间。被动顶空浓缩要求不高，采样时间范围很宽，一般产生的影响也小。吸附时间一般是吸附温度、挥发物组成和浓度的函数。挥发组分和浓度一般被认为是未知的，高浓度轻质产品（如汽油）明显具有独特的气味。在 60℃~80℃下日常取样时间一般为 8~18 h[11]。分析人员一般于工作日下班时将吸附剂放到取样容器中，并置于保温箱中，第二天早上即可取出提取。

一旦分析物被吸附，就必须进行脱附和仪器分析。被吸附物有两种方法从吸附剂上除去：热脱附法和化学法。热脱附对活性炭不适用，因为需要很高的温度。活性炭多用化学脱附。

为了脱附有效，脱附溶剂必须容易溶解被吸附物，必须对吸附剂活性点有很好的吸附能力，防止对挥发性混合物中吸附较强的化合物有选择性保留。到目前为止，二硫化碳是最好的脱附溶剂，被吸附物种能产生最好的代表性[12]。缺点是，二硫化碳毒性很强。也可使用其他溶剂，如乙醚、戊烷、二氯甲烷[12-14]等，这些溶剂的回收率都不及二硫化碳，但在一定程度上脱附脂肪化合物比脱附芳香化合物效果好。对于专业素质较高的分析人员，在大多数情况下使用这些差异不大，分析和数据解读受影响不大。

用活性炭被动顶空取样的优点有很多。首先，该方法的一个优点基本上是非破坏性的，只使用了少量的总顶空样品，如果需要还可以用其他方法分析或反复分析。含有少量可燃液体的简单非吸附剂介质（如玻璃）的情况例外。这种情况下可能在开始萃取阶段就有效地挥发和除掉了所有可燃液体[15]。

另一个优点是样品容易保存。一部分被吸附的活性炭可以留着以后（被告、保险、质量控制）测试用。虽然可燃液体的物证瓶一般气密性良好，但是也不宜永久保存。钢罐会生锈，聚合物袋会漏气，玻璃瓶会破损，时间过长、触及物证时容器的气密性常常会受损。保留提取物可以用于将来分析，或者另外保全证据[16]。

同时，根据分析人员的参与，活性炭的被动顶空吸附很有效。悬挂吸附剂，放入保温炉，移出用溶剂洗脱，总共需要的时间一般不到 5 min。这是很实用的方法，这个时间和 12~18h 的吸附时间相比通常可以忽略不计。分析人员即使在不注意的时候也不会产生样品损坏，也不会影响回收，还可以进行再分析。

因为所有用于准备和保存萃取物的仪器是一次性使用的，所以质量容易控制和监测。不需要复杂的仪器，多个物证样品可以同时提取。

这种方法也有缺点，即用于洗脱的溶剂常常有毒和比较危险。使用溶剂脱附降低了这一方法的灵敏度，因为采集的挥发物只有一部分稀释液进入气相色谱仪中分析。热脱附吸附剂，如 Tenax 和 SPME 纤维的灵敏度更高。

这一方法所用的时间也是不利因素。虽然这个过程需要的分析时间很短，但是和其他方法相比，每个样品却需要很长时间。

动态活性炭吸附

直到活性炭条可以广泛获得，使用活性炭动态系统提取可燃液体才是最常用的方式。在动态系统中，用空气或氮气把样品从顶空中抽到容器外面。在最常见的配置中，松散的活性炭放在巴斯德玻璃吸附管（Pasteur pipette）内，两端用玻璃毛塞住。采样容器上扎两个孔，插入吸附管的孔用密封垫密封。容器加热到 70℃~90℃，使可燃液体挥发，再抽真空，或者将空气或氮气吹过一根吸附管，吹扫顶空并接触活性炭（见图 5.3）。另一根吸附管用于过滤通过容器抽取或者吹入的空气。从吸附管中取出吸附的活性炭，用溶剂提取。另外，像被动顶空浓缩方法一样，二硫化碳是最常用和一般推荐的溶剂，但是也可使用戊烷、乙醚、二氯甲烷等溶剂。

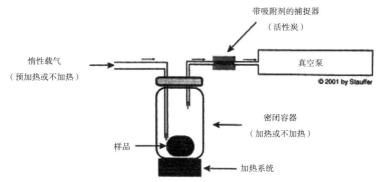

图 5.3 用活性炭进行动态顶空取样（样图复制得到 E.施陶费尔允许）

吸附动力学方法和被动吸附方法有点类似，但是有一点显著不同。在被动吸附方法中分子迁移是简单扩散，而在动态吸附方法中分子迁移是通过扩散和气流，结果是总体上采样过程速度快得多，吸附、脱附速度也快得多。施加气流引入了一个新现象——穿透（breakthrough），穿透是轻质易挥发组分从吸附剂上损失的现象。这和被动取样系统中的置换（displacement）有点类似。在被动取样系统中置换速度受温度影响，在动态取样系统中置换速度既受温度影响，也受气流速度的影响，气流提供的额外动能将大大加快吸附或脱附速度，所以要仔细控制气流速度。另外，在被动取样系统中，当一个化合物被置换（被吸引力更强的分子脱附、取代），就会回到顶空中。在穿透情况下，被置换的分子被抽离取样系统，就再也不能被取样了。因此，带活性炭的动态顶空取样没有被动取样宽松。动态取样可能是破坏性方法，无法进行反复分析。

用活性炭动态取样的优点是快和灵敏。被动取样一般需要8~18 h 吸附时间，无须分析人员介入。动态取样可以在 20~30 min 完成，其间需要分析人员全心投入，确保单个样品能够快速完成。另外，因为动态取样方法导致顶空吹扫而不是被动取样，因而灵敏度更高。与被动吸附法一样，动态活性炭吸附法也允许长时间保存样品提取物，提取物可以替代样品保存。

这种动态取样方法的缺点有：使用有毒的脱附溶剂、参数更苛刻、一般是破坏性的。该方法自始至终需要分析人员介入和参与，参数必须严格控制和检测，防止样品损失和破坏。另外，该方法一般不便于成批操作，一次只能处理一个物证样品，造成效率和速度在总体上降低。

Tenax 吸附

另外一种有用的、广泛应用于挥发性烃浓缩的吸附剂是 Tenax TA。在加拿大和欧洲，Tenax 广泛用于火灾残留物的提取分析。Tenax 使用的取样设备不复杂。在最简单的装置中松散的 Tenax 被置于取样管内，一支大的一次性针管连在管子的一端，针头连在管子的另一端。在样品容器内，扎上洞，用胶带或密封垫密封。通过加热容器，使要获取的化合物挥发（60 ℃ ~80 ℃）。把装有 Tenax 的针管扎入容器，使 30~50 mL 顶空中挥发物抽入吸附剂（见图5.4）。从容器上取下取样管，卸下针管。然后将 Tenax 在 GC 进样口热脱附。

虽然 Tenax 方法在技术上也是动态吸附，但是和被动顶空取样相比具有更多优点。和动态活性碳吸附取样一样，分子的迁移包括扩散和气流，不同的是，只有少部分顶空中挥发物抽入吸附剂，因此该方法破坏性小，一般允许反复取样分析。

Tenax 方法取样很快，和动态活性炭吸附取样相比需要分析人员介入少，达到平衡温度，只要将顶空中挥发物抽到针管中，样品就被提取了，只需数分钟。因为吸附物种被热脱附，所以 100% 进入 GC，Tenax 的吸附过程灵敏度大大高于活性炭，不需要使用溶剂溶解吸附。如果在热脱附前保留部分含有吸附物的 Tenax，这就可以作为长期保存样品的另一种方法。

Tenax 取样唯一显著的缺点是早期脱附的化合物有被置换的可能，以及气相色谱热脱附装置需要专业设备。

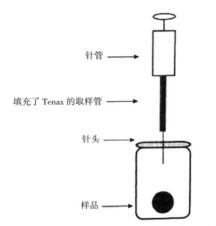

针管

填充了 Tenax 的取样管

针头

样品

图 5.4　用 Tenax 进行动态顶空取样

固相微萃取

还有一种可用于火灾残留物取样分析的吸附剂是 SPME 纤维。SPME 是从不同基体中提取不同化合物的一种相对新型的固相微萃取方法。SPME 纤维由覆盖了吸附剂聚合物的石英纤维构成。作为火灾残留物分析提取的用途，有两种纤维受到化学家的关注：第一种是聚二甲基硅酮（PDMS）纤维，这种非极性纤维推荐用于提取像石油产品中的非极性化合物[18]。第二种是极性较大的分子筛（Carboxen）或 PDMS 交联纤维，这种纤维对低分子量氧化物溶剂有效[19]。

　　SPME 提取需要使用特别的设备，用以抓持、保护和暴露 SPME 纤维。当样品容器达到一定温度时，把有点像针筒的样品把手插到顶空中，将纤维暴露于顶空一小段时间，一般不到 10 min，然后将纤维拉回到把手上的保护针管内，并将把手从样品容器中取出。针头插入 GC 的进样口，在那里对暴露的针头进行热脱附（见图 5.5）。

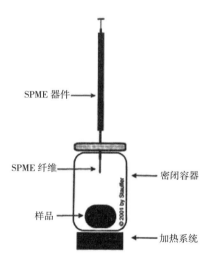

图 5.5　用固相微萃取纤维进行被动顶空取样（样图复制得到
E. 施陶费尔允许）

　　使用 SPME 纤维提取方法最大的缺点是其取样容量有限。现在，最大取样容量的纤维是 100 mm PDMS。因为提供的吸附点相对较少，顶替会很快发生。在大多数情况下，SPME 固相微萃取对较大分子量的烃和化合物提取有利。另外，和活性炭一样，SPME 纤维对某些不同类型的烃（如芳香烃、脂肪烃）具有更好的吸附作用，在有些场合会影响数据的解读[20]。

因为提取时间很短（5~10 min），想优化取样系统得到理想的回收是很困难的。幸运的是，提取过程很容易，因为这是被动系统，可以反复操作而不会显著地改变样品。因此，如果起初的提取被严重取代，提取时间和温度可以优化到适合这种情况为止，该样品可以很快被重新提取分析，以得到更好的结果。

溶剂萃取

作为对不同顶空取样方法的补充和另外的选择是溶剂萃取。溶剂萃取是从残渣中收集可燃液体残留物的最早方法之一，现在仍然有人喜欢使用。溶剂萃取理论，顾名思义，即用合适的溶剂清洗样品（残渣），以取得任何可燃液体。一般需要用大量溶剂来彻底提取样品，因此清洗溶剂也在用仪器提取分析前被浓缩。最常见的溶剂为戊烷、二硫化碳、二氯甲烷。戊烷的毒性较小，但是难以得到纯度很高的溶剂。二硫化碳比较干净，但是毒性很大。二氯甲烷是通用的溶剂，但是在提取分析样品中趋于产生更高的基体背景。

不幸的是，溶剂萃取方法不仅把可燃液体成分收集在溶剂清洗液中，而且会将样品基质中的化合物也溶解到清洗液中。因此，溶剂萃取的灵敏度低、选择性差，其提取的样品比使用吸附技术提取的样品脏很多。另外，容易挥发的化合物常常在浓缩阶段有损失，使得这种方法不常用于轻质石油产品。

溶剂萃取法仍在现代可燃液体提取分析中占有一席之地。例如，对于简单、无孔、少孔或者不溶性的基体，溶剂萃取可以很快得到良好的取样结果。对于复杂多孔和可溶性的基体，则应当使用顶空取样方法，溶剂萃取一般仅限于作补充萃取，用于从柴油燃料系列产品中区分煤油系列产品。即使如此，由于基体影响和可燃液体浓缩损失，其作用效力也是有限的。

结论

火灾残留物的提取方法有多种选择，问题是在什么场合选择什么适合方法。大多数实验室对绝大多数提取分析使用一种形式的吸附方法，典型的是使用活性炭或 Tanex。总的来说，多推荐使用带活性炭的被动顶空取样或使用带 Tanex 的动态取样。简单顶空取样常用于吸附前的一般筛选。分析存在小分子的含氧溶剂时也常采用简单顶空取样。SPME 纤维取样虽没有获得广泛应用，但是随着对其关注的增多，这种情况可能改变，目前其应用仍有限于简单顶空取样——提取小分量氧化物或用于筛选，两种情况都不适用于单独或基本的方法。溶剂提取用于简单基体样品快速分析，还用于区分重油范围产品中的可燃液体（如果有必要区分的话）。遗憾的是，还没有一种方法或系列相关参数对所有样品中的可燃液体的提取都比较理想，但是常见的吸附方法便是接近于理想的方法。最终根据分析人员的培训和经验，结合火灾调查的具体情况以及调查需要，决定哪些方法对单个样品的提取最合适。

参考文献

1. American Society for Testing and Materials (2002), ASTM E 1618-01 test method for identification of ignitable liquid residues in extracts from fire debris samples by gas chromatography-mass spectrometry, in *Annual Book of ASTM Standards*, 2002.

2. B. Levin (1986), A summary of NBS literature reviews on the chemical nature and toxicology of the pyrolysis and combustion products

from seven plastics. U.S. Department of Commerce, Washington.

3. R. Agustin, H. Bittner, and H. Klingenberger (2000), Volatile organics compounds from adhesives and their contribution to indoor air problems, Gerstel Application Note, Hamburg, Germany.

4. Scientific Instrument Services (2000), Tenax TA Adsorbent resin physical properties, sisweb.com.

5. K. Furton, J. Almirall, and J. Bruna (2000), The use of solid phase microextraction-gas chromatography in forensic analysis. *Journal of Chromatographic Science*, 38: 297-306.

6. A. Harris (2003), GC-MS of ignitable liquids using solvent desorbed SPME for automated analysis. *Journal of Forensic Sciences*, 48(1): 41-46.

7. J. Phelps, C. Chasteen, and M. Render (1994), Extaction of low molecular weight alcohols and acetone from debris using passive headspace concentration. *Journal of Forensic Sciences*, 39(1): 194-206.

8. Supelco (1998), Solid Phase Microextraction, Supelco Product Information Guide, Sigma-Aldrich, St. Louis.

9. R. Newman, W. Dietz, and K. Lothridge (1996), The use of activated charcoal strips for fire debris extraction by passive diffusion. Part I: The effects of time, temperature, strip size and concentration. *Journal of Forensic Sciences*, 41(3): 361-370.

10. M. L. Fultz (1995), Analysis protocol and proficiency testing, Proceedings of International Symposium on the Forensic Aspects of Arson Investigation, 165-194.

11. W. Dietz (1990), Improved charcoal packing recovery by passive diffusion. *Journal of Forensic Sciences*, 35(2): 111-121.

12. J. Dolan and R. Newman (2001), Solvent option for the desorption of activated charcoal in fire debris analysis, presented at the American Academy of Forensic Sciences, Seattle, Washington.

13. J. Lentini and A. Armstrong (1997), Comparison of the eluting efficiency of carbon disulfide with diethyl ether: the case for laboratory safety. *Journal of Forensic Sciences*, 42(2): 307-311.

14. G. Hicks, A. Pontbriand, and J. Adams (2003), Carbon disulfide vs dichloromethane for use of desorbing ignitable liquid residues from activated charcoal strips presented at the American Academy of Forensic Sciences, Chicago, Illinois.

15. R. Newman (1996), An evaluation of multiple extraction of fire debris by passive diffusion, Proceedings of the International Symposium on the Forensic Aspects of arson Investigation, 287.

16. L. Waters and L. Palmer (1993), Multiple analysis of fire debris using passive headspace concentration. *Journal of Forensic Sciences*, 38(1): 165-183.

17. D. Deharo (2003), Personal communication.

18. K. G. Furton, J. R. Almairall, and J. C. Bruna (1996), A novel method for the analysis of gasoline from fire debris using headspace solid-phase microextraction. *Journal of Forensic Sciences*, 41(1): 12-22.

19. C. Woodruff and R.Newman (2002), Analyzing trace amounts of low molecular weight oxygenates from fire debris using solid phase microextraction, pending publication.

20. J. Lloyd and P. Edmiston (2003) Preferential extraction of hydrocarbons from Fire Debris samples by Solid Phase Microextraction. *Journal of Forensic Sciences*, 48(1): 130-134.

6　实验室数据解释

雷塔·纽曼

引言

在采集的嫌疑纵火样品中，可燃液体的鉴定能够为火灾调查人员提供有价值的信息。虽然确定火灾的起因、来源、性质是火灾调查人员的职责，而不是实验室的职责，但是实验室可以向调查人员提供帮助、支持，或者在有些情况下排除调查假设，排除潜在的可燃液体来源，协助确定案件、现场样品和嫌疑人之间重要的调查线索。

用于提取和分析挥发性化合物的实验室方法一般都非常灵敏，可鉴定火灾残留物中的少量可燃液体。鉴定了现场样品中的可燃液体，一般不能确定火灾是否由人为纵火引起。同样地，缺乏可燃液体鉴定也不能排除火灾不是人为纵火或事件中没有使用助燃剂。

在火灾调查中，法庭实验室的基本作用是分析现场样品中是否存在可燃液体。可燃液体就是可以燃烧的液体，一般为闪点低于200℉的液体。可燃液体使用范围非常广泛，包括内燃机燃料、家用取暖燃料、木炭引火材料、上光剂、杀虫剂、清洗溶剂、油漆稀释剂、润滑剂等数万种商业产品，其中任何一种都可以用作助燃剂。助燃剂常常是可燃液体，但是可燃液体不一定是助燃剂，即使在火灾残留物中鉴定出来。当柴油用作家用取暖燃料时就是可燃液体，当故意将柴油泼到物体上并用火柴点燃时就是助燃剂，但从化学成分上看它们是相同的。

在给定的火灾样品中鉴定出可燃液体，并不能说明该火灾是人为纵火，或者确定其中的可燃液体就是纵火剂。例如，从可能储存汽油的车库残留物样品中鉴定出的汽油肯定是可燃液体，但不一定是助燃剂，因为车库可能是事故现场。要排除可燃液体的事故源，首先要确定现场调查的来源和原因必须与实验室的发现一致，其次要确定鉴定的可燃液体是助燃剂。

要确定实验室结果的重要性，需要充分了解可燃液体，包括生产过程、组成成分、化学性质、产品用途等。另外，提取可燃液体残留物样品基体的基础知识也很重要，包括常见事故的可燃液体基体类型、基体暴露于火中产生的热裂解和燃烧产物的类型。

最后，在可燃液体鉴定和样品比较中必须了解和考虑样品提取方法的局限性，这在第 5 章中有所阐述。样品提取物和液体相比较常常会产生细微的差别，在确定产品来源时，这可能导致错误的结论和样品关系。本章将阐述这些概念，因为读者范围比较广泛，所以内容包括基本的定义和复杂的应用。

可燃液体组成

一般分类

任何一种可燃液体都可以用作助燃剂。可燃液体大致可以分为石油类和非石油类。石油类可燃液体由原油精炼而成，包括汽油、煤油、柴油。石油类可燃液体由烃组成，烃是只含有碳和氢的化合物。非石油类可燃液体由其他化合物组成，主要是含氧溶剂和天然来源的化合物（萜烯）。这两类可燃液体分析方法相似，区别在于化学成分不同，对应相关的数据解释不同。

烃的化学成分

石油类可燃液体含有烷烃和芳香烃化合物。烷烃是饱和的碳氢分子，有三种结构：正构烷烃、异构烷烃和环烷烃。"饱和"和"不饱和"指分子中键的类型，饱和化合物只含有单键，不饱和化合物至少含有一个双键或三键。毫无例外，不饱和化合物一般比对应的饱和化合物反应性更强。不同种类烃的一般结构和常见实例见表 6.1。

表 6.1　常见不同类型烃的结构和实例

化合物种类	具体结构	描述	实例
烷烃	正构烷烃（n-烷烃）	直链烃（C_nH_{2n+2}）	 
	异构烷烃（异构体）	支链烃（C_nH_{2n+2}） 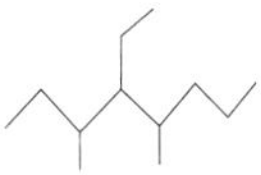 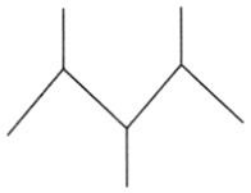	
	环烷烃	环烃（C_nH_{2n}） 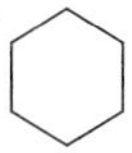 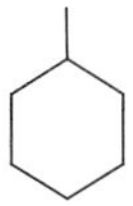 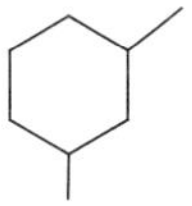	
芳香烃	简单芳香烃	烷基苯 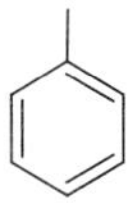 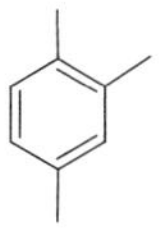	
	多环芳烃	多苯环稠合 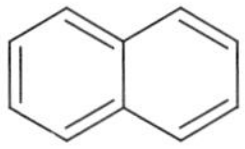 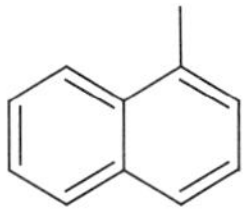	
	茚满	苯环和环烷烃稠合 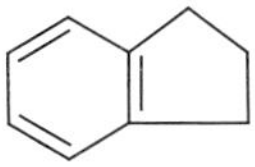 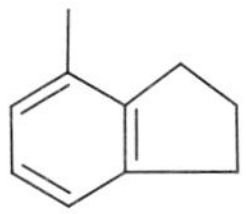	

正构烷烃（n- 烷烃）含有通过单键相连的系列碳原子，呈直链构型。在正构烷烃分子中，任何一个碳原子都不会与两个以上碳原子相连。正构烷烃常用作可燃液体数据解释的保留时间或洗脱顺序标记物。为了简化，火灾残留物分析人员通常用同义词"C#"表示给定的烷烃。例如，n- 戊烷（C_5H_{12}），一个含有 5 个碳的正烷烃，常表示为 C5; n- 十三烷，是一个含有 13 个碳的化合物，用 C13 表示。

异构烷烃也叫异烷烃。其分子式与正构烷烃相同，为 C_nH_{2n+2}，其中 n 为碳原子数。异构烷烃和正构烷烃的不同，在于键合碳原子数的构型。异构烷烃结构包括至少有一个碳原子结合 3 个或 4 个碳原子。这种分支结构导致异构烷烃的化合物比对应的正构烷烃的化合物沸点低。

正构烷烃和异构烷烃都是脂肪化合物。"脂肪"指直链烃或支链烃，一般包括饱和分子构型和不饱和分子构型。在火灾调查中，脂肪一般指饱和化合物，就是正构烷烃或异构烷烃。

烯烃为不饱和烃，和烷烃相似，但是在分子结构中带有一个双键。烯烃因为反应性较强，在可燃液体中并不常见，但是常常出现在样品基体的热裂解产物中。在火灾残留物提取分析中，烯烃可作为一种重要的判断物质。

环烷烃（环烷）是具有环结构构型的饱和烃，分子式为 C_nH_{2n}。与异构烷烃不同，环烷烃化合物的沸点比对应的正构烷烃化合物的沸点高。正如后面将要详细叙述的，用于火灾残留物分析的数据一般由单个化合物的沸点得来。火灾残留物分析人员最感兴趣的环烷烃大多数来源于环己烷分子。

芳香化合物含有苯环结构（带有相间双键的六元环）。可燃液体数据解释中涉及的芳香化合物结构包括简单芳香烃、多环芳烃

（PNA）和茚满。

石油类可燃液体中最简单的芳香化合物含有烷基取代苯化合物（烷基苯）。出于健康和环境考虑，大多数产品中苯含量一般很低。苯结构上系列取代一般表示为"C# 烷基苯"。例如，1，2，4- 三甲基苯和 n- 丙基苯都是带三碳取代的苯分子，因此叫作 C3 烷基苯。如果石油类可燃液体中含有芳香化合物，就具有很强的判断作用。芳香化合物的峰群由取代的程度决定。一般来说，C2~C4 烷基苯是火灾残留物分析人员最感兴趣的。

PNA 是两个或多个苯环稠合而成。一般来说，萘、2- 甲基萘和 1- 甲基萘是可燃液体中发现的含量较大的 PNA。这些化合物的存在及其相对比例可以用于可燃液体的数据解释和分类，但是这些化合物也是合成材料热裂解常见产物，因此和其他类型芳香化合物的指示作用相比，重要性有所降低。

茚满是连在苯环结构上带有侧链烷基的化合物。侧链连到环上两个相连位置。虽然没有典型的丰度，但是出现 C1、C2 取代茚满可以用于从一些可燃液体中判断热裂解。

石油类可燃液体

石油类可燃液体在市场上最为常见，很多产品中都有，这些产品是从原油中提炼出来的。石化产品与这些产品完全不同，它们是从石油中分离出来的，用来生产其他化学产品，其中最主要的是聚合物。提炼的原油可以用来生产具有特定性质的产品，具体生产哪些产品需要根据市场需求决定。汽油是其中产量最大的精炼产品，其性能参数能满足汽车工业和管理部门的需要。石油馏分作为燃料和溶剂而生产。另外，为了有效利用精炼废气，从原油中提炼尽可能多的有用产品，生产和上市了许多其他应用的产品。对石油精炼过程生产有用产品的详细解释超出了本书讨论的范围，但是这个专题有一些很好的教材可以利用[1, 2]。

火灾残留物分析人员一般对沸程从正戊烷（C5）到二十烷（C20）、沸点在36℃～205℃的石油产品感兴趣。这个范围内的石油产品常见类型有汽油、石油馏分、异构烷烃、环烷烃－异构烷烃产品、芳香溶剂和正构烷烃产品等[3]。除了汽油，这些产品都是根据化学成分而不是最终用途来分类的。

汽油是由精炼过程中产生的几百种化合物混合而成的，其参数能够满足需要。用于内燃机的汽油含有大量芳香烃，以增加发动机的性能和燃料效率，最终产品是具有独特化学性质的挥发性液体。

石油馏分是原油在两个温度之间的分馏产品。馏分含有大量脂肪化合物，一般含有大量正构烷烃和少量芳香烃。预期的用途不同，生产的馏分沸点范围也不同。可以通过其他过程去除芳香烃，用这种方式生产出来的产品叫去芳烃馏分。石油馏分的使用范围非常广泛，包括露营、家庭取暖、喷气燃料，炭引燃剂、油漆稀释剂、矿精、油漆、除斑剂、杀虫剂介质等。

异构烷烃产品，顾名思义，含有异构烷烃（异烷烃）化合物。和石油馏分产品一样，不同的异构烷烃产品有不同的沸程。市场上常见的异构烷烃产品主要有气味小的溶剂、油漆稀释剂、炭引火剂、生产过程液、上光剂、油漆、除斑剂、抛光转化剂、润滑剂、航空汽油等。

环烷烃—异构烷烃产品，也叫环烷烃—链烷烃产品，是除去正构烷烃和芳香烃化合物后只剩下异构烷烃和环烷烃的化合物。环烷烃—异构烷烃产品的应用包括气味小的溶剂、油漆稀释剂、木炭引燃剂、杀虫剂介质和灯油。

芳香烃溶剂只含有沸点在一定范围内的原油中的芳香化合物，是否含有烷基苯、PNA和茚满化合物取决于沸点范围和原油成分。

芳香烃溶剂具有很强的溶解能力，因此其应用包括工业清洗剂、溶剂和脱脂剂。

正构烷烃产品是正构烷烃的简单混合物，一般包括 3~5 个化合物沸程范围。正构烷烃产品具有不同的用途，包括用于 NCP 纸的微胶囊产品、打蜡和上光的溶剂、液体蜡烛燃料、润滑剂和农业化学品（杀虫剂和除草剂）[4, 5]。

非石油类可燃液体

非石油类可燃液体占可燃液体的比例很小，这是件值得庆幸的事，因为其认定和鉴定的难度不断增加。两种主要非石油类可燃液体是含氧溶剂和从植物提取的天然产品。

含氧溶剂可能为单一化合物，也可能为复杂混合物，其显著性质是含有相当数量的含氧化合物。单一化合物常见的产品有丙酮、乙醇、甲基乙基酮（MEK）。一些产品，包括油漆稀释剂和珐琅复原剂，常常含有一种或多种含氧溶剂和其他化学品（包括石油产品）。

天然提取的可燃液体大多为松节油和柠檬油的提取物。松节油是从柏木（软木）中提取的，含有叫作天然油脂的化合物。柠檬油是从柠檬果皮中提取的，柠檬油提取物的主要成分为 d– 柠檬烯。很多产品中能发现 d– 柠檬烯，如香料、清洁剂、风味剂等。

品牌和产品鉴定

除了石油，每类产品一般有多种用途，这使得产品或品牌无法鉴定。就拿汽油来说，虽然是作为内燃机燃料生产的，但还是经常被消费者用于其他方面，如溶剂和去污剂。不同品牌和不同产品，其成分可能相同。相反，同样的产品，如果批号不同，也可能具有不同的成分。因此，可燃液体及其残留物一般只进行种类认定。

仪器分析

分析过程

可燃液体的鉴定是将样品与参考可燃液体进行比较。通过化学和仪器分析，确定参考液体的性质，包括可燃性、溶解性、沸点范围、化学组成等。通过直接比较参考液体和未知液体或其提取物，就可以鉴定可燃液体及其残留物。

虽然原油的差异很大，但是在一定沸程和官能团内，预期是相似的。特定的化合物最终会产生特定的色谱峰模式，并且它们是一致的、相同的，这是可燃液体认定、鉴定和种类认定的基础，这个过程叫作模式识别。

模式识别鉴定不是以存在的单一成分为依据，而是以成分之间的关系为依据（见图 6.1）。石油产品一般由许多化合物组成（常有数百种），但是这些化合物并不是可燃液体独有的。其中，有一些是普通的基体污染物，有一些是不同材料热裂解或不完全燃烧产生的[6, 7]。

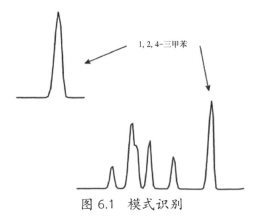

1, 2, 4-三甲苯

图 6.1　模式识别

注：火灾残留物色谱数据中存在 1, 2, 4- 三甲基苯（1, 2, 4-TMB）本身不重要，但是如上所示，当作为关键的五个峰模式的一部分时，表明含有石油产品。

因此，火灾残留物中存在任何特定的化合物，本身不重要。幸运的是，热裂解产生的烃的相对比例不像原油中那样稳定。通过寻找显示多种化合物的特定模式，可以把可燃液体和热裂解物或不完全燃烧产物区分开。这些模式可以用气相色谱法展示。

气相色谱法

气相色谱法（GC）是分离和检测挥发性化合物的仪器分析方法。如第 5 章所述，使用气相色谱法可以分离火灾残留物内的组成成分并测量。这种分离发生在气体移动相和液体膜固定相之间，并产生一种色谱图，该色谱图反映了每个化合物的检测器响应丰度与保留时间的关系（见图 6.2）。

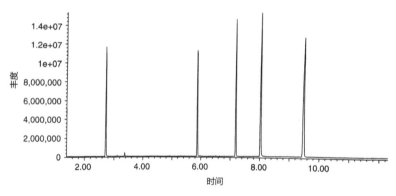

图 6.2　数据显示用气相色谱法分离五组分混合物

气相色谱仪含有 6 个基本部分：载气、进样口、柱温箱、色谱柱、检测器和数据处理设备（见图 6.3）。载气（氦气、氢气或氮气）用作流动相，推动样品通过色谱柱，到达检测器。样品在进样口的高温下气化被载气带进色谱柱。色谱柱一般为毛细管柱，涂布了键合固定相液体，一般在一系列条件下（载气流速、柱温等）每个组分对固定相的亲和力分离样品。由于石油产品常见的烃具有非极性性质，通常情况下非极性色谱柱用于可燃液体分析。

柱温箱是气相色谱法的温度调节器。由于可燃液体组分沸程宽，固定温度（单一温度）程序一般不能有效地产生理想的结果，因此需要程序升温，就是柱温在一定的时间内上升。优化柱温箱温度程序，可以获得最佳分离和最大效率、最好的重现性，从而产生最好的色谱数据。

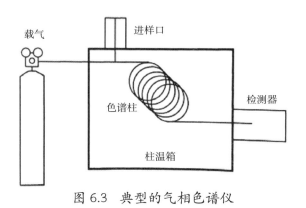

图 6.3　典型的气相色谱仪

作为一般规则，用于可燃液体日常分析的色谱方法（色谱柱、温度程序等），应该有效地分离和检测 C6~C20 正构烷烃与洗脱一系列接近的芳香化合物（见图 6.4）。此系统分离和检测常见可燃液体产品是非常可靠的。另外，还应有检测和分离低沸点化合物（如甲醇、乙醇、戊烷）的系统。

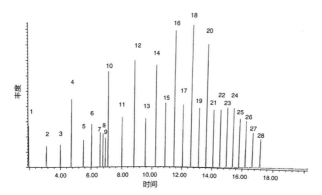

图 6.4　气相色谱数据显示正烷烃和芳香化合物分离

注：1= 己烷（C6）；2= 庚烷（C7）；3= 甲苯；4= 辛烷（C8）；5=p– 二甲苯；6= 壬烷（C9）；7=m– 乙基甲苯；8=o– 甲基甲苯；9=1，2，4– 三甲苯；10= 癸烷（C10）；11~28=C11~C28。采集参数：HP5890 GC–5970 MSD，25 m DB–1 色谱柱，内径 0.2 mm，膜厚 0.33 m。进样口温度：250℃，检测器（传输线）温度：280℃。起始温度：45℃，时间：3 min，升温速度：20℃ /min，最终温度：300℃，最终时间：4.5 min，扫描：33~400 m/z。

检测器采集和测量流出色谱柱的每个成分的相对丰度。有两种检测器适合分析可燃液体：火焰离子化检测器（FID）和质谱仪（MS）。FID 在火焰中烧掉从色谱柱的流出物，产生离子，转化为电流。其产生的电流被放大、测量和记录下来。

可以计算几次进样的单组分相对浓度，但是峰高不一定代表一个组分相对于同一个样品中另一个组分的浓度。因此，数据解释不是基于一个组分对另一个组分的浓度，而是一个组分对另一个组分的检测器响应。

质谱法
用于可燃液体分析最常见的仪器是气相色谱 – 质谱仪（GC–

MS）。质谱仪也叫作质量选择检测器（MSD），和气相色谱仪联合使用，产生色谱柱洗脱的化合物的附加信息。除了总离子色谱图（TIC）（可以和 GC-FID 获得的数据相比），质谱仪还能提供额外信息，这使分析人员能够区分和鉴定洗脱的化合物。

在 GC-MS 中，从色谱柱洗脱的化合物进入质谱仪并受到电子束的撞击，然后由于化学结构的作用碎裂为离子。测量和记录这些碎片会产生质谱数据，其中的峰被定义为碎片丰度（见图 6.5）。碎片是可以预测的，因为大多数情况下碎片与给定的化合物是一一对应的。不幸的是，因为烃是很简单的化合物，色谱峰可能无法完全分开，可燃物分析中获得的质谱数据仅反映化合物种类（如烷烃、环烷烃、芳香烃等）而不反映单一化合物。对于模式识别来说，这已经足够了。

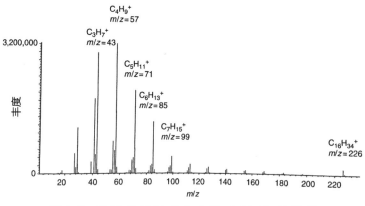

图 6.5　质谱数据显示十六烷（C16）的裂解

根据火灾残留物分析，GC-MS 最重要的作用是提供额外的模式识别。因为每一类烃都是用特定的离子来表示化学类型，所以可以提取离子以便生成表示类型的色谱图。例如，正构烷烃和异构烷烃可以稳定地产生 m/z=43、57、71、85 的离子碎片（见图 6.6）。从总离子色谱图中提取这些离子，如果能够产生提取离子的色谱图（EIC），就表示样品中含有正构烷烃和异构烷烃（见图 6.7）。这种策略可以用于每一类烃（烷烃、环烷烃、芳香烃、茚满和PNA），它们所产生的模式都比较简单，以便和用作参考的可燃液体进行比较[8]。其产生的 EIC 可以简化数据，使可燃液体识别与种类认定更加有效。

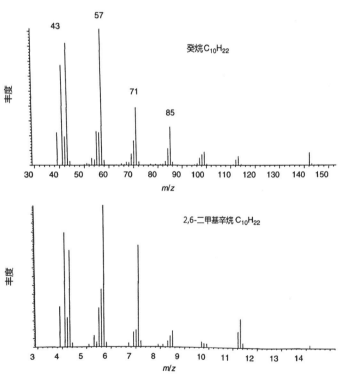

图 6.6　正构烷烃和异构烷烃的质量碎片同样产生

43、57、71、85 离子碎片

注：从总离子流色谱图中提取这些离子将产生表示烷烃的数据。

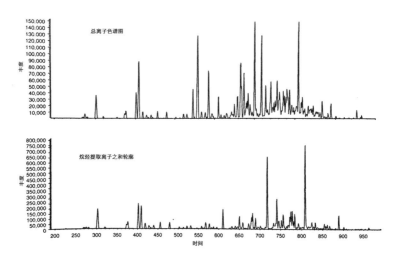

图 6.7　汽油和中等质量石油馏分混合物的总离子色谱图（上）

注：烷烃提取离子轮廓（43、57、71、85 离子之和）产生较简化的色谱图，显示混合物中的烷烃成分。

　　EIC 对数据具有过滤作用，可将高度复杂的 GC 模式简化为反映关键化学类型的不太复杂的模式（见图 6.8）。在对样品 TIC 起作用的复杂基体样品中，EIC 可以最大程度地减少来自样品基体的干扰。另外，EIC 数据可以用于诊断，帮助我们区分可燃液体、获得样品和参考物之间准确的比较数据。

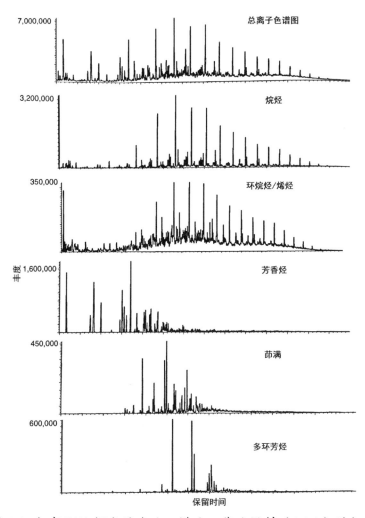

图 6.8 含有 50% 挥发的汽油、煤油、柴油燃料（1:1:1）的标准
助燃剂混合物总离子色谱图和提取离子色谱图加和

甲撑基相对于母体化合物来说是连续变化的，因此每一种烃都有独特的离子，并且产生按 14 递增的离子碎片。不同种类的烃的化学组成见表 6.2[3, 8, 9]。需要特别注意的是，这些离子所指示的种类，不一定表示所对应的烃就含有。虽然分子量较大的所有异构烷烃和正构烷烃碎裂产生丰富的 43、57 等离子，但是这些化合物也含有少量的 55、69 等表示烯烃的指示离子。因此，提取 55 离子不表示一定提取了烯烃化合物。在火灾残留物数据分析中，这对大多数提取离子是正确的。

表 6.2　不同种类烃的化学组成

石油种类	化学组成
汽油	高级芳香烃、沸程宽（C4~C12）、含有少量脂肪族化合物
芳香烃溶剂	全部为芳香烃
馏分	高级脂肪烃，主要为直链烷烃，芳香烃有变化
异构化产品	全部为异烷烃化合物
萘异构产物	全部为脂肪烃，主要为异烷烃和环烷烃化合物
正烷烃产品	全部为正烷烃，典型的为 C3~C5

EIC 可以提取和评估单个离子，也可以将种类离子相加进行评估。单个离子 EIC 提供的数据更加分散。如果是芳香化合物，单离子 EIC 可以产生反映烷基取代基（C2、C3、C4）的单一色谱图。加和离子 EIC 在离子种类内提供信噪比增加（增加总灵敏度）的直接组分丰度比较数据（见图 6.9）。一般选择加和离子色谱图，因为它提供了样品中沸程范围内类似种类化合物更加明显的信息，就是 C1、C2、C3、C4 烷基苯之间的相对丰度。另外，EIC 只需要非常少的色谱图就可以得到使用单离子方法获得的同样信息。只要分析人员充分了解每一种方法的局限性，无论采用加和离子 EIC 方法

还是单离子 EIC 方法都是合适的。有些实例中，加和离子 EIC 中的基体污染物会产生干扰峰，而单离子 EIC 则能够提供更有用的信息 [10]。

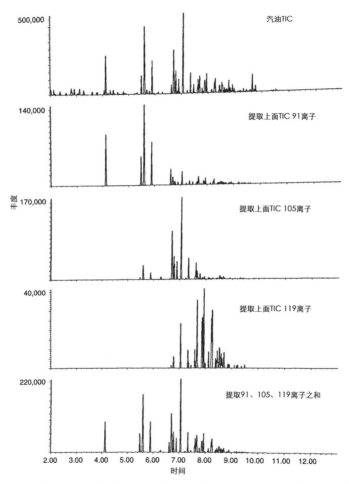

图 6.9 含有 50% 挥发汽油、煤油、柴油燃料（1:1:1）的标准助燃剂混合物 TIC 和提取离子色谱加和

当用 EIC 解释数据时，评估每一类化学品的数据都很重要，因为多种可燃液体可产生类似的 EIC 模式。虽然色谱模式很重要，具有诊断性，但是不同种类化合物 EIC 的相对丰度也很重要。例如，含有芳香化合物组分的精炼产品（汽油、芳香溶剂、馏分）在给定的沸程内，具有可以比较的、容易区分的芳香化合物轮廓（见图6.10）。如果只根据芳香化合物的模式，中等质量的石油馏分容易被错误地鉴定为汽油（见图 6.11）。但是，比较芳香化合物对脂肪组分的相对丰度，在馏分中可以明显地看到脂肪化合物为主要成分，而汽油则相反。

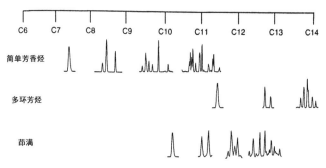

图 6.10　在给定的沸程内发现的不同石油产品中芳香烃模式
注：注意用非极性柱 GC 分离的模式和洗脱顺序。

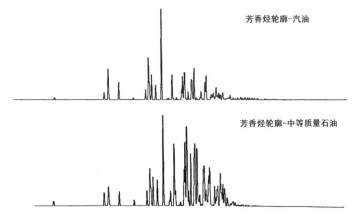

图 6.11　部分挥发的汽油样品的单一和提取芳香烃指示离子加和

因为原油的种类不同，一种原油与对应的化学类石油的相对比例也有一定变化。应该保留当地市场上所有可燃液体不同产品的各种样本的数据库，以确定可以接受的相对变化比例[11]。

可以采用以下两种方式中的一种采集 GC–MS 数据：扫描或离子监测（SIM）。如果采用扫描方法，需要在给定的范围（在可燃液体分析中通常为 10~400 amu）内采集和测量所有离子。在扫描模式中，检测器可以采集该范围所有的离子碎片，并在数据中表现出来。EIC 一般是从扫描模式的数据中产生。如果采用 SIM 模式，只有预先选择的离子被测量和记录下来。因为检测器测量的离子少，所以灵敏度大大增加。在火灾残留物分析中，用于提取离子色谱的离子通常也用于 SIM（见表 6.3）中。非烃样品基体的干扰只有降到最低，才能生成比较干净的数据。从表面看起来，在可燃液体分析中，采用 SIM 模式比扫描模式好，但实际情况并不是这样。如果采用 SIM 模式，样品基质会产生大量的干扰化合物，而且这种化合物对数据解释会产生非常大的影响。因此，当扫描数据显示存在可燃液体但是缺乏确定鉴定的灵敏度时，一般采用 SIM 数据分析。

　　用于比较的所有数据（样品、可燃液体参考物、比对样品），应该用相似的方法生成。从样品数据提取的加和离子，应该与来自参考数据的同样的加和离子比较；样品 SIM 数据，应该与参考物 SIM 数据比较。理想的情况是，样品和参考物应该使用同样的条件在同样的系统上运行。幸运的是，随着计算机程序（方法和宏）的使用，数据采集和提取处理可实现自动化 [11, 12]。

可燃液体种类认定

数据解释

　　如前所述，可燃液体（石油类和非石油类）分为两个大类、九个小类。石油类分为汽油、石油分馏物、脱芳香烃石油分馏物、芳香烃溶剂、正构烷烃产品等。非石油类分为含氧溶剂、水不溶物类（包括包罗万象的天然产品）。

　　每一类可燃液体具有特定的化学性质，能生成具有诊断意义的色谱数据，可用于认定和鉴定。在给定的沸点范围内，官能团化合物相对浓度重现性良好。更复杂的产品，因为组分数更大，因此认定和鉴定就更容易。每一类可燃物的诊断性质将在下面详细介绍，现总结于表 6.3 中。

表 6.3　用于烃的 EIC 分析的指示种类离子碎片

烃的种类	离子				
烷烃（异构烷烃或正构烷烃）	43	57	71	85	99
环烷烃或烯烃	55	69	83	97	–
简单芳香烃	91	105	119	133	–
多环芳烃	128	142	156	–	–
茚满	117	118	131	132	–

　　除了化学组成，石油产品可根据沸程作进一步的分类。大多数石油类可燃液体属于三种沸程中的一种，分别被简单地叫作轻质石油产品、中质石油产品、重质石油产品[13]。轻质石油产品一般在C9（壬烷）前被洗脱。中质石油产品一般沸程较窄，仅包含 3~4 个正构烷烃，典型的中间产品在 C9、C10 或 C11 附近。重质石油产品有更广的沸程，覆盖 5 个或更多的正构烷烃，典型的中间产品在C11 以上。

汽油

　　汽油是精炼产品的混合物，洗脱范围在 C4~C12，含有较多的芳香化合物。大多数汽油产品含有脂肪化合物，但是这些化合物中的烷烃比芳香烃少得多。芳香化合物有较高的辛烷值，而脂肪化合物辛烷值一般较低。汽油的芳香化合物组成模式很稳定，容易识别。脂肪化合物的组成，因为原油组成和生产精炼流程不同，变化较大。

　　汽油的主要成分为简单芳香化合物（烷基取代苯）。依据模式识别，最具诊断性的是 5 个 C3 烷基苯构型和 C4 烷基苯系列双峰（见图 6.12）。这些芳香化合物峰模式，在全扫描（TIC）或 GC-

FID 以及芳香化合物提取离子轮廓数据中都容易看到。其他稳定的色谱性质包括茚满和 PNA。C11 附近会流出诊断性的甲基茚满双峰（在非极性色谱柱上），因为该区域有浓缩和共洗脱现象，使用 EIC 时茚满的模式只有参考价值。是否存在萘和甲基萘，取决于汽油的配方。在寒冷的季节，市场的产品中可能不含这些化合物。如果存在这些化合物，萘和甲基萘的峰组也会比较稳定，一般出现在 C11~C13（见图 6.13）。汽油中脂肪烃的峰模式变化较大，但从外观上看，其存在的意义不大。不含脂肪化合物的产品，很可能不是汽油，而是芳香溶剂。

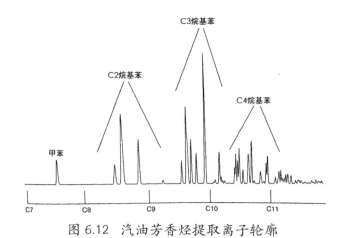

图 6.12　汽油芳香烃提取离子轮廓

注：C3 和 C4 烷基苯模式被认为对确定含有石油的可燃液体中芳香烃的存在最具有诊断作用。

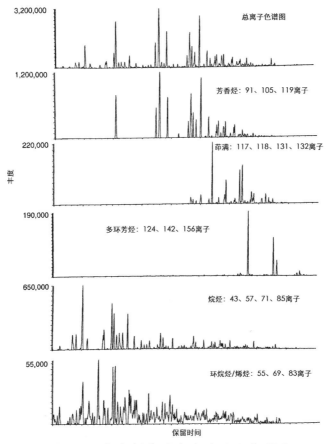

图 6.13　部分挥发的汽油的 TIC 和 EIC

注：注意不同类化合物具有不同离子丰度差异。

石油馏分

石油馏分含有较多的脂肪成分，主要为烷烃。在中质馏分和重质馏分的正常分布中，正构烷烃表现为毛刺峰。在轻质馏分中，虽然正构烷烃的含量较低，但色谱图中还是很明显的（见图 6.14）。石油馏分的沸程因用途的不同而有所变化，但是在给定的沸程内，主要成分和次要成分的 GC 模式以及化学类型会比较稳定。

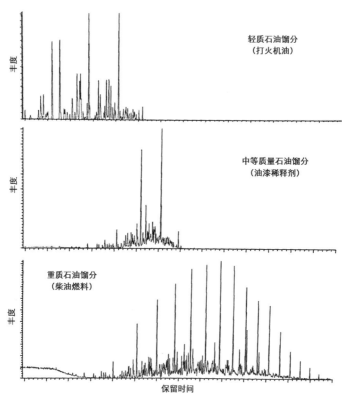

图 6.14　轻质、中质、重质石油馏分的色谱数据（TIC）实例

注：注意主要峰为正烷烃峰。

在 C17~C18 之间的重质石油馏分也含有姥鲛烷（pristane）和植烷（phytane）化合物，产生的双峰（姥鲛烷在 C17 后面，植烷在 C18 后面）为重质石油馏分容易辨认的诊断性质（见图 6.15）。为了鉴定未知物中是否包含 C17、C18 沸程的馏分，必须确认是否含有姥鲛烷和植烷。系列毛刺峰正构烷烃中没有出现这些化合物，说

明是聚合物热裂解而不是石油产品（详见"基体的贡献"一节）。

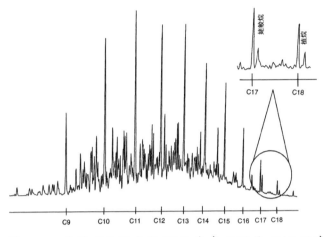

图 6.15　重质石油馏分的 TIC 存在 C17 和 C18 双峰

由于原油的天然成分和附加的生产过程不同，所以，馏分中芳香化合物成分的浓度也可能有很大的不同[1]。一般来说，芳香化合物的分布可能是正常的，但是含量却比脂肪化合物低得多。脱芳香化合物馏分除去或降低了有毒芳香化合物的含量，就可以得到气味很低的产品，如木炭引燃剂和不同的溶剂。因此，不含大量芳香化合物是脱芳香化合物产品的特征。相反，一些生产厂家为了提高产品的性能，会在产品中添加芳香化合物，因此生产的产品中芳香化合物的含量就会增加。有些情况下，单独用 GC-FID 是很难区分脱芳烃、传统和强化芳香烃馏分的。而通过在提取离子图中消除芳香化合物的方式，EIC 就可以容易地区分脱芳烃产品。可以根据沸程和芳烃溶剂添加剂的浓度，利用 EIC 认定馏分或芳香烃强化物。分析人员必须知道馏分中芳烃成分的天然变化是常见的，并不是每次检验中都能区分传统馏分和处理过的混合物，一般也没有必要。

在数据解释中使用 EIC 时，必须注意一定范围内不同化合物之间峰的相对丰度。用 GC–FID 或 TIC 数据区分汽油的馏分是相当明显的。但是，EIC 可能产生导致错误结论的数据，即认为存在混合物，而事实上馏分的提取离子图组分非常相似，但是与汽油相对丰度截然不同（见图 6.16）。

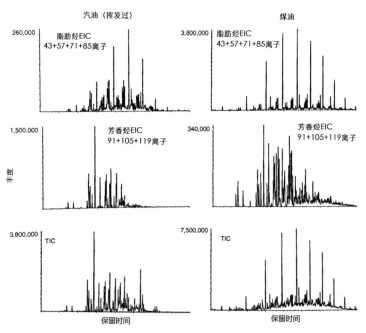

图 6.16　显示 90% 挥发的汽油（左）和煤油（一种
重质石油馏分）（右）的色谱数据

注：虽然提取离子色谱图相似，但脂肪烃对芳烃的相对丰度明显不同。

异构烷烃产品

异构烷烃产品中只含有异烷烃混合物。异构烷烃产品有独特的性质，不足的是，总离子色谱的数据中缺乏容易辨认的诊断峰模式。

轻质到中质范围的异构烷烃产品，通常会产生容易分辨的独特的峰模式。随着沸点的增加，潜在的异烷烃异构体数目也在不断增加，从而导致复杂的、不容易分辨的模式也会增加（见图 6.17）。

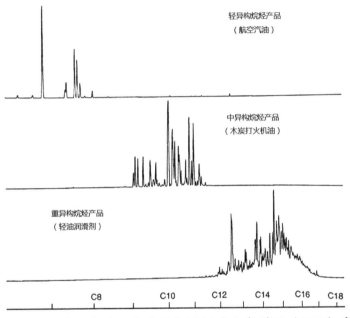

图 6.17　轻质、中质、重质异构烷烃产品色谱图（TIC）实例
注：注意随着沸程增加峰分辨降低。

采用提取离子色谱图，异构烷烃产品就很容易辨认，因为 TIC、烷烃、环烷烃提取离子图的模式非常相似，减少了大量化合物出现的可能性。这是因为出现在每个色谱图（TIC、烷烃 EIC、环烷烃 EIC）中的峰，表示同样的化合物。烷烃和环烷烃指示离子稳定地出现在每一种化合物中。在正构烷烃和异构烷烃中，烯烃和环烷烃的诊断离子——55、69、83 离子，也是少数离子。因此，

从异构烷烃产品中提取的环烷烃或烯烃指示离子的丰度大大降低，但是和异构烷烃离子的模式相同（见图6.18）。

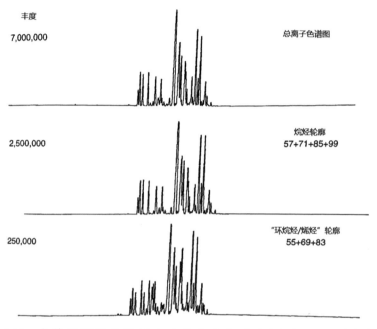

图6.18　中等范围异构烷烃产品总离子色谱图（上），烷烃（中）、
"环烷烃／烯烃"（下）提取轮廓图

注：注意所有的轮廓图看似相同。"环烷烃／烯烃"57、69、83离子是烷烃化合物少数离子（无环烷烃或烯烃），因此如在烷烃中出现"环烷烃／烯烃"，此类化合物相对丰度差10倍。

环烷烃—异构烷烃产品

环烷烃—异构烷烃产品，也叫环烷烃—异烷烃产品，主要含有异构烷烃和环烷烃。正构烷烃可能存在于某些配方中，但是和石油馏分相比，含量大大降低。环烷烃—异构烷烃产品中不存在芳香化合物。大多数常见的环烷烃—异构烷烃产品属于中质或重质范围，

其数据以未分辨的"信封"峰为特征。单独用 GC–FID 和 TIC 进行
辨认或鉴定都会有一定困难，因为任何一种方式都缺乏独特的诊断
峰模式。EIC 数据被简化后，含有大量烷烃和环烷烃提取离子轮廓。
不像异构烷烃产品，环烷烃—异构烷烃中的烷烃和环烷烃明显不同
（见图 6.19）。

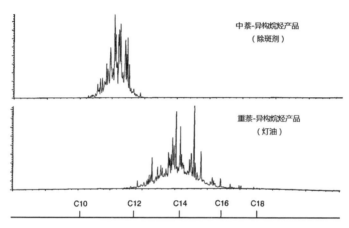

图 6.19　中质、重质环烷烃—异构烷烃产品的色谱图（TIC）实例
注：注意难分辨的峰组。

芳香烃溶剂

就像名字所表示的一样，芳香烃溶剂中一定含有芳香烃化合物。
因为汽油中芳香化合物含量高，所以洗脱范围在 C7~C17 的芳香烃
溶剂很容易与汽油混淆，特别是有基体干扰时。在洁净的样品中，
芳香烃溶剂产生的 GC 数据一般都是很干净的并且容易分辨，这是
因为此类样品不含脂肪组分，而脂肪烃存在于汽油中。大多数芳香
烃溶剂趋向于包含独特的窄沸程（见图 6.20）。在市场上，芳香烃
溶剂主要被当作高效溶剂使用，常用于包括杀虫剂在内的水基产品
（乳剂）中，因此在进行残留物数据分析时，应该考虑非可燃产品

来源的芳香烃溶剂。

评估残留样品中轻质或中质芳香化合物时应该特别注意，因为一些常见聚合材料热裂解时会有一定的概率产生这些化合物[6]。比较茚满的提取离子色谱峰模式，在有些情况下和基于基体的组成，PNA 可以作为区分中质范围芳香产品和样品基体的有价值的工具。

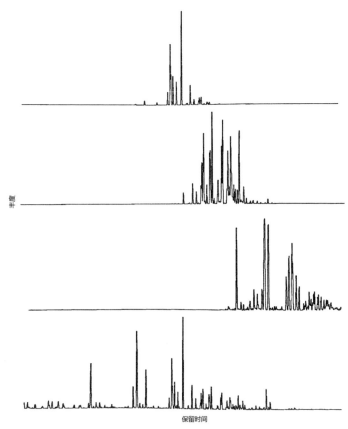

图 6.20　一些常见芳香烃溶剂产品的色谱数据（TIC）实例
注：注意芳香烃溶剂沸程一般更窄，比底部的汽油更清洁。

正构烷烃产品

正构烷烃产品是独特的石油产品，因为其所含的化合物很少。正构烷烃产品一般含有 3~5 个正构烷烃（见图 6.21）。虽然在筛选中模式识别非常有用，但这种鉴定方式并不可靠，因为缺少足够多的比较点。推荐的附加评价包括 GC 保留时间比较和质谱解释两种。

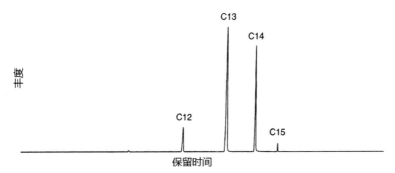

图 6.21　常见直链烷烃产品（蜡烛油）的色谱图（TIC）实例

含氧溶剂

对大多数非石油类可燃液体的识别和鉴定来说，模式识别一般是不可靠的方法。这些产品中所含的化合物很少，而且其中大多数是由基体分解产生或者天然形成的，许多基体是偶然产生的。

含氧溶剂是含有氧的化合物，最常见的是小分子量醇和酮。残留物中的可燃液体也可能是助燃剂的含氧化合物，因此在鉴定时应该加倍注意。许多常见的含氧化合物由常见的材料不完全燃烧产生，所以在火灾残留物的提取物中存在这些化合物是很正常的[14]。分析可燃液体残留物的 ASTM 测试方法认为，只有当发现一个小分子含氧化合物高出基体化合物一个数量级时，才可以认为是异常的[13]。

大多数常见的含氧化合物在非极性色谱柱上的洗脱时间要比C6早，可能用优化石油类产品的方法不能完全分辨这些化合物。因此，需要使用极性更大的色谱柱、更厚的色谱柱固定相以及其他升温程序的 GC 方法来检测和鉴定这些化合物。因为这些化合物中有很多都不是复杂组分，所以模式识别不适合用来鉴定这些化合物。GC 保留时间和 MS 鉴定是最常用和最可靠的分析方法。

有些特殊产品的含氧溶剂可能加到石油类可燃液体中，如油漆稀释剂和指甲油（见图 6.22）。在这些实例中，可能需要将成分鉴定和模式识别结合起来。

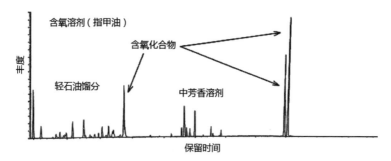

图 6.22　含氧溶剂（指甲油）色谱数据（TIC）实例

注：如上所示，氧化物常发现于石油可燃溶剂中。

天然提取物

其他非石油类可燃液体主要是天然提取产品。例如，松节油是从松（软）木中提取的，用作溶剂、香料、杀虫剂和加工油。柠檬油是从柠檬果实中提取的。松节油和柠檬油提取物中都含有萜烯，萜烯是不饱和烃，存在于香精油和植物油脂中。松节油含有许多萜烯化合物，其中，α - 蒎烯和 β - 蒎烯的含量最高。柠檬油提取物的主要成分为萜烯 d– 柠檬烯。鉴定残留物的提取物中萜烯的最常见做法是直接用 MS 法。

在萜烯分析中，最难的不是鉴定，而是对火灾调查的相关性进行评估。很多火灾残留样品中都含有软木，这是已发现的 GC 数据中萜烯最主要的来源。如果在残留物中没有发现木材，而依然坚持松节油可能就是纵火剂的结论，是很容易引发争议的。然而，木材在常见结构中的应用不断扩展，随着时间的推移和热的作用，几乎所有含萜烯木材的基体都可能产生达到鉴定数量的萜烯，这是符合逻辑规律的。另外，许多清洁产品和溶剂中也都含有萜烯，这使得样品的基体组成中含有萜烯的重要性受到质疑。

因此，在一个样品中鉴定出作为可燃产品的松节油，一般具有如下特征：明显不含偶然来源；在可靠的比对样本中不存在；在给定的基质中含量大大超出预期；其他关键因素。任何情况下，如果报告中显示残留样品中可能含有松节油产品，那么首先要考虑的是排除天然来源[15-17]。d– 柠檬烯在许多产品和过程中都有非常广泛的应用，大多数"柠檬"芳香产品中都含有 d– 柠檬烯[18]。在残留物中，d– 柠檬烯的重要性取决于基体组成、功能和历史、位置，在多个不相关（不同基体）样品中的存在，在可靠的比对样品中的存在，以及相对丰度。

挥发作用

因为大多数可燃液体含有数百种沸点范围比较广泛的化合物，在环境激发作用下（如暴露、热），可能会引起色谱模式发生显著的变化。挥发性化合物比不易挥发化合物挥发的速度更快。这种挥发，也叫风化，会造成色谱模式向高沸点化合物转化。风化对可燃液体组成及其数据的影响，取决于产品的沸程和挥发量。

新鲜汽油和 90% 挥发汽油的 GC 数据有很大的不同。在很多挥发的样品中，轻组分减少，高沸点组分增加（见图 6.23）。在给定的沸程内（如 C11~C12），化合物的相对比例会比较一致，用模式识别的方式就可以鉴定产品。对沸程比较窄的可燃液体来说，挥发作用的影响不大。

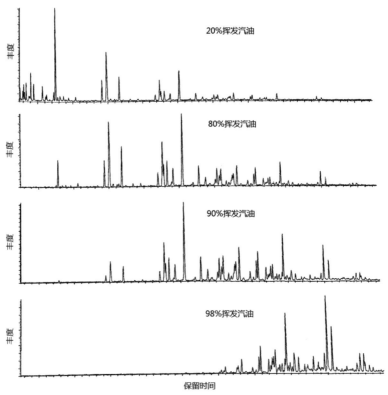

图 6.23　逐渐挥发（风化）的汽油 GC 数据

注：注意随着易挥发组分的挥发，不易挥发的组分变得更明显。

挥发还影响提取离子轮廓图中的相对丰度。在新鲜汽油中，芳香烃和脂肪烃离子的比例大约为 10：1，而在 90% 的挥发样品中，比例大约为 1:1。汽油中的主要芳香化合物洗脱较早，随着挥发的不断进行，其种类特征的离子比例会产生预期的变化。但是，在较窄的沸程范围内，离子的比例会比较稳定。

种类认定总结

表 6.2 介绍了不同石油类可燃液体的种类及其一般化学性质。已经建立的不同可燃液体的数据库，对样品比较和可燃液体分类具有很大帮助[11,19]。但是，最后应在相同情况下、同样的色谱条件下、同样的仪器上对获得的数据进行鉴定。

样品基体和数据解释

基体的贡献

从分析残留物提取物中获得的数据，不只含有可燃液体成分。出现在提取物中的挥发性化合物还可能含有背景污染、热裂解产物、不完全燃烧产物、可燃液体等成分，这些化合物都可能出现在 GC 数据中。这可能使化合物产生复杂的模式，分析人员必须从基体贡献中分辨出可燃液体成分。

当可燃液体浓度相对较高或者基体贡献很少时，数据解释就可以直接得出。但实际上，这种情况很少。基体贡献的量和类型取决于组分、数量和历史。一些基体会产生可以辨认的诊断性模式，而大多数基体产生的峰是随机的。

聚乙烯塑料

聚乙烯塑料热裂解产生的数据与石油馏分产生的数据很像。尤其需要注意的是，二者都含有相同的包含正构烷烃的系列同系物毛刺峰。最大的不同是，在高密度聚乙烯（HDPE）热裂解中同系物不是单峰，而是表示对应二烯烃（带两个双键的脂肪化合物）、烯烃（带有双键的脂肪化合物）和烷烃的三重峰（见图 6.24）。另外，聚乙烯塑料热裂解模式，不含石油馏分中发现的主要异构烷烃和环烷烃的次级结构，该结构包括姥鲛烷和植烷。

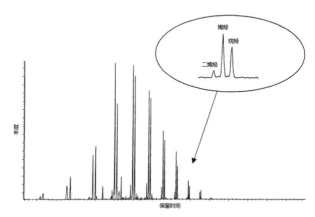

图 6.24　高密度聚乙烯热裂解产生系列三重峰模式

注：三重峰模式表示连续二烯烃、烯烃和烷烃化合物。

地毯和地毯垫

地毯和地毯垫一般由人造纤维（尼龙、聚苯甲丁二烯）构成。与这些材料相关的热裂解产物、火灾残留物样品提取物中，常见的产物包括苯乙烯、α–甲基苯乙烯、简单或复杂的芳香烃。石油类可燃液体中也发现了不少这类产物[6, 7]。

从产生的 TIC 中提取芳香离子，可以产生大量类似汽油和其他含有芳香烃的石油产品（见图 6.25）。在上述情况下，要确定芳香化合物在 GC 模式中贡献的重要性主要是通过：C4 烷基苯模式、茚满模式、苯乙烯化合物、与基体相比是否含有芳香化合物、TIC 中的模式指示。C3 烷基苯模式的指示作用较小（在不同石油产品中有变化，基体贡献可能较小），C2 烷基苯基本没作用。PNA 也不是很重要，因为它一般由热裂解产生，但是分析的解释中也不能完全排除 PNA。2– 甲基萘和 1– 甲基萘比例的变化，可能是因为基体的贡献而不是石油产品的贡献。

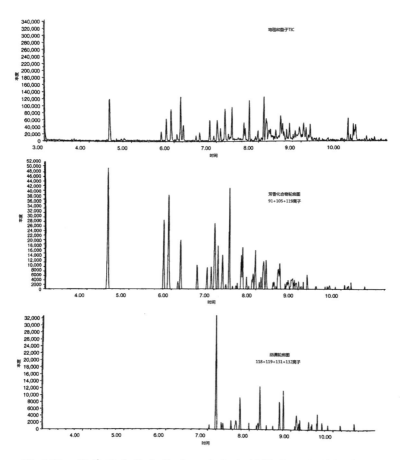

图 6.25　简单芳香化合物为一些合成材料常见热裂解产物

注：简单芳香化合物产生的 EIC 和一些石油产品相似。

　　这并不表示完全不需要考虑可燃液体中发现的任何化合物或峰组，但是这些化合物只有在沸点范围内以合适的比例呈现时才需要考虑。同时，必须认识到基体产生一些关键模式的可能性，在数据解释的时候需要将其包括进来。

沥青瓦

　　沥青瓦是常见的房顶防水材料，在火灾残留物样品中也很常见。沥青瓦的烟凝结物产生的色谱数据与重质石油的色谱数据特征很像，包括含有姥鲛烷和植烷。如果烟凝结物中出现烯烃，就可以据此区分沥青和重质石油，而石油馏分中是不存在烯烃的。因此，通过提取离子区分石油馏分和沥青烟凝结物，是比较容易的。

　　对环烷烃中常见的离子，同样也是烯烃中常见的离子（注意两类化合物都有分子式 C_nH_{2n} ）。相对环烷烃来说，55 离子对烯烃更具有指示意义。从沥青烟痕提取物获得的 GC 数据中提取 55 离子，将产生容易辨认的同系物双峰，分别代表正烯烃和正烷烃化合物（见图 6.26）。从石油馏分中提取 55 离子，可以得到单峰同系物[20]。

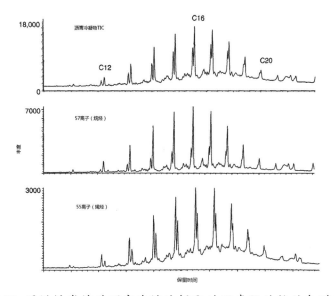

图 6.26　用活性炭被动顶空浓缩法提取的沥青凝结物的色谱数据

注：烷烃数据表示石油馏分（中），烯烃强的双峰显示和烯烃 / 烷烃同系物有关（下）。在出现严重模糊的 TIC 数据时，评估烷烃和烯烃特征色谱图对避免错误鉴定出石油馏分非常重要（数据由约翰·伦蒂尼提供）。

　　因为这些化合物来自沥青烟凝结物而不是固体材料，如果没有屋顶或给定样品中没有沥青材料，就不会得出沥青对残留物样品提取物没有贡献的结论。调查人员应该注意解构火灾中屋顶材料的类型，分析人员应该在出现石油馏分模式时按照常规模式评价正构烯烃存在的数据。

土壤

　　土壤是高度吸附和隔离的介质，这使得土壤成为保留可燃液体的很好的基质[21]。然而，土壤特别是施过肥的土壤，因为含有可以降解烃的细菌，所以会严重影响烃的组成。可燃液体提取物的 GC 常常变形，导致无法鉴定（见图 6.27）。来自土壤的微生物降解可能导致脂肪烃的损失，烷烃的损失很明显，芳香化合物的损失取决于细菌的类型及其存在的环境条件[22, 23]。这种降解可能发生在几天内，如果非常严重就会妨碍可燃液体的鉴定。

土壤样品中一般不含有干扰基体的化合物，所以当存在大量可燃液体时，即使模式已经发生变化，也会显示存在的石油馏分。类似土壤的降解相对稳定，通过使用土壤加标可能的可燃液体样品的比较，可以获得可比性数据，实现鉴定[22]。很明显，避免降解是最好的方法。无论何时，都应该尽快采集和分析样品，样品采集后要立即冷冻，这样可以有效降低样品的降解。

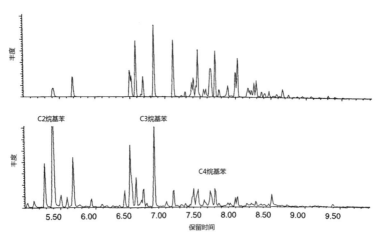

图 6.27　在富含细菌的土壤中分解的汽油（上）与参考汽油可燃液体（下）的色谱数据比较

注：注意关键芳香化合物的丢失。

偶然的可燃液体

一般来说，可燃液体特别是石油产品，用于工业生产过程和日常活动会导致材料产生偶然的污染[23]。在许多常见的材料污染环境案例中，经常可以检出石油类产品。应该特别注意某些基质中鉴定出的可作为潜在助燃剂的微量可燃液体，尤其是在没有合适的比较样品的情况下。

比较样品是"从火灾现场采集的材料样品，就调查人员所知，各方面和嫌疑含有助燃剂的样品一致但不含助燃剂的样品"[24]，即火灾发生前其组成和经历与嫌疑样品相似的样品。理想的状态是，每种样品基质的比对样品都应采集。但是，按照火灾的损毁程度和性质来说，这是不现实的，也是不可能的。多数情况下，没有必要采集比较样品。但是，如果可能存在污染源，而且可燃液体相同，就必须采集比对样品，以确认分析结果的准确性。

下面是几种常见的偶然污染可燃液体的材料，在常规调查中，必须考虑可燃液体浓度、历史等因素。

1. 鞋子

现场勘查时，经常需要提取嫌疑人的衣物，当然也包括鞋子，以便使现场样品中检测出的可燃液体与嫌疑人衣物上发现的可燃液体建立联系。然而，鞋厂在生产的时候会使用石油产品，并且主要是甲苯以及中质和重质石油馏分，这会导致检验产生错误的结论。在提取鞋子的时候需要分开包装，并将其中一份作为比对样品，另一份作为他用。当鞋子上的可燃液体和样品上的可燃液体差异很大，或者鞋子上的可燃液体浓度明显高的时候，基本可以得出结论：鞋子外面接触了可燃液体。当样品上的数据非常相似时，很可能是因为偶然沾上了可燃液体，当然这取决于鞋子的类型和存在的可燃液体的类型。

2. 杀虫剂

商用和零售杀虫剂，一般都含有石油类可燃液体分散介质。商用杀虫剂经常含有中质范围的芳香溶剂，并且与水混合形成乳浊液。

零售喷雾杀虫剂常溶解于中质或重质石油馏分、异构烃、环烷烃—异构烷烃溶剂。在近期处理的材料中，这些产品主要存在于地毯和地板上，并且比较常见。

3. 成品木材

中质石油馏分和异构烷烃产品为木材上色和整理时的常用溶剂，因此，分析成品木材（包括家具和地板）时，经常会检测出可燃液体。因为木材具有很好的吸收性，所以即使使用若干年后，还会检出可燃液体。不管什么时候鉴定，都必须想到木地板中可能存在这类产品。分析类似材料的比对样品，对数据解释来说很有帮助[25]。

4. 纸产品

一些 NCR 纸（No Carbon Required，无碳复写纸）用微胶囊正烷烃产品生产。煤油和类似重质石油产品也常用作油墨转移介质，因此常常出现在书、杂志和报纸的分析中。如果样品中含有报纸，那么鉴定的结果中含有煤油也是正常的。假如没有这方面的知识，如果鉴定结果中出现作为助燃剂的煤油，鉴定人员很可能认为鉴定结果是错误的。

结论

贯穿本章的主线是通过法庭实验室的样品分析，证明其中存在可燃液体而不是助燃剂。调查人员和分析人员应该合作，确认所有与调查情况相关的重要发现，其中最需要关注的是现场调查。测定潜在的助燃剂需要以多种因素为依据，一般来说，每项调查都有其独特性。测定时，应该考虑的因素包括以下几点：

- 在多个样品中发现可燃液体。
- 阳性样品与现场指示物的关系，即倾倒模式、火源等。
- 鉴定出的可燃液体类型与样品基质有关。

● 鉴定出的可燃液体类型和现场类型有关，即住宅、办公室、仓库、机动车内等。

● 鉴定出的可燃物的相对丰度和样品基质有关。

● 可信的比较样品中含有或不含有类似的可燃液体。

● 鉴定出的可燃液体与现场或样品的历史有关，即最新的泥炭控制作用、家具再上光等。

任何情况下，要确定火灾的起火原因（如纵火、事故、漏电等），不能仅依据对可燃物的鉴定。在鉴定时，如果先入为主地认定是可燃液体，特别是日常生活中常见的石油类可燃液体，那么这种假设不仅是不准确的，而且是不负责任的。相反，从嫌疑纵火的样品中没有鉴定出可燃液体，也不能排除纵火的可能。实验室发现的阳性或阴性结果都有多种貌似合理的原因（见表 6.4），因此，在调查过程中，分析的结果应该只是许多种可使用的工具之一。

表 6.4　解释实验室发现的可能场合

实验室阳性发现的原因	实验室阴性发现的原因
使用助燃剂，火灾为纵火	火灾中没有使用助燃剂
样品中偶然出现可燃液体	使用了助燃剂，但是全部被火烧光
在粗心大意的采集、包装和处理中样品被可燃液体污染	使用了助燃剂，但是没有出现在样品中
	使用了助燃剂，并出现在样品中，但是因为浓度太低或受到基体干扰无法检出

对火灾调查人员来说，火灾残留物的实验室分析可能是很有用的工具。开发更加灵敏的萃取和分析方法，可以更加方便地检测和鉴定残留物中含量很少的可燃液体。这些发现有助于确认火灾起火原因，但是评价的时候要格外注意。

参考文献

1. J. Speoght (1991), *The Chemistry and Technology of Petroleum*, 2nd edn, Marcel Dekker, New York.

2. J. Gary and G. Handwerk (1994), *Petroleum Refining Technology and Economics*, 3rd edn, Marcel Dekker, New York.

3. American Society for Testing and Materials (2002), ASTM E 1618-0 1 test method for identification of ignitable liquid residues in extracts from fire debris samples by gas chromatography-mass spectrometry, in *Annual Book of ASTM Standards*, 2002.

4. ExxonMobil' Exxon Chemical's Norpar Functional Fluids, www. exxonmobil.com, 7-1-02.

5. Normal Paraffins, www.sasoltechdata.com, 7-1-02.

6. E. Stauffer (2001), Identification and characterization of interfering products in fire debris analysis, Master's thesis, Florida International University.

7. D. Tranthim-Fryer and J. DeHaan (1997), Canine accelerant detectors and problems with carpet pyrolysis products, *Science and Justice*, 37: 39-46.

8. R. Martin Smith (1982), Arson analysis by mass chromatography. *Analytical Chemistry*, 54: 1399A-1409A.

9. J. Nowicki (1990), An accelerant classification scheme based on analysis by gas chromatography/ mass spectrometry (GC-MS). *Journal of Forensic Sciences*, 35(5): 1064-1086.

10. M. Gilbert (1998), The use of individual extracted ion profiles vs summed extracted ion profiles in fire debris analysis. *Journal of Forensic Sciences*, 43(4): 871-876.

11. R. Newman and M. Gilbert (1998), *GC-MS Guide to Ignitable Liquids*, CRC Press, Boca Raton.

12. J. Nowicki (1993), Automated data analysis of fire debris samples using gas chromatography- mass spectrometry and macro programming. *Journal of Forensic Sciences*, 38(6): 1354-1362.

13. American Society of Testing and Materials (2002), ASTM E 1387-01 test method for identification of ignitable liquid residues in extracts from fire debris samples by gas chromatography, in *Annual Book of ASTM Standards*, 2002.

14. B. Levin (1986), A summary of the NBS literature reviews on the chemical nature and toxicology of the pyrolysis and combustion products from seven plastics. US Dept of Commerce, National Bureau of Standards, Gaithersburg, MD pp. 1-33.

15. Trimpe (1991), Turpentine in arson analysis. *Journal of Forensic Sciences*, 36(4): 1059-1073.

16. B. Chanson, E. Ertan, O. Dlelmont, E. DuPasquier and J. Martin (2000), Turpentine identification in fire debris analysis, Second European Academy of Forensic Science Meeting, Cracow, Poland.

17. d-Limonene Product Data Sheet (2001), Florida Chemical Company, Winter Haven, Florida.

18. Ignitable Liquid Reference Database (2002), National Center for Forensic Science, www.ncfs.ucf.edu

19. J. Lentini (1998), Differentiation of asphalt and smoke condensates from liquid petroleum distillates using GC/MS. *Journal of Forensic Sciences*, 43(1): 97-113.

20. P. Loscalzo, P. R. DeForest and J. Chao (1980), A study to

determine the limit of detectability of gasoline vapor from simulated arson residues. *Journal of Forensic Sciences*, 25(1): 162-167.

21. D. Mann and W. Gresham (1990), Microbial degradation of gasoline in soil. *Journal of Forensic Sciences*, 35(4): 913-923.

22. D. Chalmers, X. Yan, A. Cassita, R. Hrynchuck, and P. Sandercock (2001), Degradation of gasoline, barbecue starter fluid, and diesel fuel by microbial action in soil. *Canadian Society of Forensic Science Journal*, 34(2): 49-62.

23. J. Lentini, J. Dolan, and C. Cherry (2000), The petroleum laced background. *Journal of Forensic Sciences*, 45(5): 968-989.

24. IAAI Forensic Science Committee (1989), Glossary of terms related to chemical and instrumental analysis of arson debris. *Fire and Arson Investigation*, 40(2): 27.

25. J. Lentini (2001), Persistence of floor coating solvents. *Journal of Forensic Sciences*, 46(6): 1470-1473.

7 火灾残留物分析的干扰源

埃里克·施陶费尔

引言

气相色谱法的缺陷

阐明气相色谱法（GC）在火灾残留物分析中应用的第一篇文章由卢卡斯于1960年发表[1]，这标志着现代火灾残留物分析的开始。在此之前，可燃液体残留物（Ignitable Liquid Residues, ILR）的分析方法并不可靠[2-6]。

鉴定可燃液体残留物的问题

最初，并没有人质疑火灾残留物分析GC法的缺陷，直到1968年，有人发表了一篇文章，对这种鉴定方式提出了质疑，因为GC法提取的化合物源自可燃液体的残留物[7]。埃特灵和亚当斯提出了来自基体材料的干扰问题，他们写道："例如，我们知道一些碳氢化合物可能是由木材的热裂解产生。"同时，他们也观察到从可燃液体中区分来自木材、纸、纺织品燃烧的残留物。

从那时起，其他几个作者对该课题进行了研究，并发表了成果。1976年，克劳德菲尔特和休斯克发表的论文对热裂解产物和不同助燃剂（如汽油、柴油燃料、煤油或喷气燃料）进行了比较[8]，提出基体燃烧色谱图和试验的可燃液体的色谱图比较容易区分。

1978年，托马斯告诉火灾调查人员，在把火灾残留物送到实验室进行分析时，必须采集对照样品[9]。他指出："……不是所有的碳氢化合物蒸气都来自可燃液体……这些碳氢化合物也可能被 GC 检测到，但是不应该被分析人员与任何更常见的可燃液体混淆。"

质谱法的缺陷

现代火灾残留物分析的下一个重要阶段是气相色谱分离后的质谱法（MS）。1982 年和 1983 年，史密斯提出了对区分可燃液体和热裂解产物有工具价值的气相色谱—质谱法（GC-MS）[10,11]。他报道了苯乙烯聚合物热裂解产生苯乙烯和低沸点烷基苯。

1984 年，霍华德和麦卡格报导了这样一个案例，烧焦的地毯色谱图和汽油的色谱图很像，他们认为这是热裂解的产物（Pyrolysis Product, PyP）[12]。他们用气相色谱—火焰离子化检测法（GC-FID）和 GC-MS 鉴定了几种芳香产物。

同年，斯通和洛蒙特讨论了火灾残留物分析中的假阳性问题，将诺维基办理的案例中的"助燃剂"归结为地板燃烧产物[13,14]。他们指出木材样品中常检出的萜烯是 PyP。他们还认为，从火灾残留物中检出的石脑油或柴油也是基体热裂解产生的。他们推荐用 GC-MS 而不是单独用 GC 来减少假阳性。

1988 年，德哈恩和博纳留斯对 PyP 首次进行了全面的研究[15]，他们提出的办法可以用来区分 PyP 和 ILR。

1994 年，伯奇做了一项非常有趣的研究，研究显示地毯和地毯衬垫燃烧会产生 PyP[16]。他发现了苯乙烯、甲基苯乙烯、少量芳香烃、大量萘和甲基萘的存在。根据不同异构体的比例，他用提取的离子图区分 PyP 和可燃液体。

1995 年，凯托建议，如果纵火残留物中存在污染，那么就用提取的离子色谱图来辅助鉴定 ILR[17]。他还提醒："另一个危险是，石油异构体的谱图可能不是来自石油提炼物。"

1996 年，库尔兹等人做了一项试验，用助燃剂组分区分 PyP 和 ILR[18]。他们认为，基体燃烧产生的 PyP 组分中含有汽油，因此会引起混淆。

1997 年，特兰西姆 – 弗莱尔和德哈恩鉴定了地毯和衬垫的 PyP，结果显示助燃剂呈假阳性 [19]。

1998 年，伦蒂尼发现了沥青材料烟凝结物和重油馏分的 PyP 的区别 [20]。

2000 年，伦蒂尼、多兰、切里研究了与石油相关的案例，结果显示燃烧前样品中就已经存在与石油相关的产物 [21]。

2002 年，卡瓦纳、杜·帕斯基尔和伦纳德发现，暴露于外部环境一段时间后，地毯就会产生污染物 [22]。他们建议同比对样品进行比较。同年，费尔南德斯发表论文，对燃烧和未燃烧的基体进行了比较 [23]。

对热裂解产物的错误概念

在文献和分析报告中，经常遇到的困难是火灾残留物中出现 PyP，并且这些产物会干扰可燃液体的正确鉴定。PyP 经常被看作火灾残渣样品的唯一干扰源，但这是错误的，没有任何意义。

热裂解产物只是燃烧基体产物中能够干扰 ILR 鉴定的一部分，在已出版的作品中很少有人注意到这种现象 [16, 21–24]。但是，不同来源的热裂解产物都有哪些特性，从来没有人说清楚过。伦蒂尼、多兰、切里以及卡瓦纳、杜·帕斯基尔和伦纳德的研究都证明，不同基体有不同的背景产物 [21, 22]。

本章的主要内容是分析火灾残留物中的干扰源。首先，引入并阐释火灾残留物分析干扰产物的概念。其次，逐个介绍不同来源的干扰产物，并作充分的解释。最后，展示不同的实际案例及其分析。使读者将从本章和第 5 章、第 6 章学到的概念应用于实际。加深对干扰产物概念的理解并学习新的知识，可以提高分析人员的技能。

干扰产物的概念

在火灾残留物分析领域，“干扰产物”是指“样品中发现的干扰准确鉴定可燃液体残留物的系列产物"[24]。因此，有必要区分源自基体、干扰 ILR 回收和分析的三种产物，它们是：基体背景产物（SBP）、热裂解产物（PyP）、燃烧产物（CoP）。

采用基体分解、制造、污染和燃烧的规则，有助于理解释放干扰产物的种类。

如果将可燃液体倒到基体上，可燃液体不仅会促进燃烧，而且会使基体发生一系列变化（见图 7.1）。

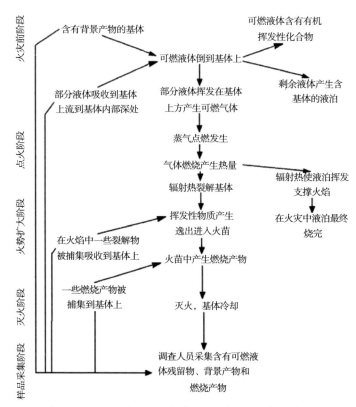

图 7.1　可燃液体促进基体燃烧时产生的变化

火灾前阶段

尼龙地毯是生活中常见的基体，含有 SBP，后面将会对此进行解释。如果将液体（如汽油）倒到基体上，由于重力作用和毛细管力，部分液体将会向下流动，最终到达基体的最下面。有的液体会吸附在基体表面，如果量比较多就会产生液泊。另外，如果液体足够多，就会渗到地毯下面的地板或水泥地上，由于液体的物理性质和环境条件不同，部分液体会蒸发。

点火阶段

如果液体产生的蒸气接触到火源，就会起火。由于燃烧过程中会释放能量，如果液体形成液泊，辐射热将会影响到液体的蒸发，这样产生的蒸气最终会反映在火中，从而使液泊消失。

火势扩大阶段

如果基体被浇上了液体，那么辐射就会使其温度继续升高。因为固体不会燃烧，所以要想燃烧就必须先转化为气体。在不同的阶段，基体有不同的转化途径（见图 7.2）。但是，最常见的途径，也是与本章关系最密切的途径，是基体的热裂解。热裂解现象将在后面作详细介绍，简要地说，就是通过基体热分解产生可燃挥发物。由于浮力的作用，这些挥发物将会上升，从而维持火焰继续燃烧。在上升的过程中，这些挥发物会被炭化的基体捕获收集。

图 7.2　阶段转化路径

灭火阶段

在燃烧的过程中，火随时都可能熄灭。如果燃料或氧气都用完了，火就会自动熄灭；如果有外力作用，火也会被扑灭。其间还可能伴随氧气的减少、系统能量的减少、燃料与氧气或能源的分离[25]。

样品采集阶段

火灾调查人员到达现场后，将提出关于火源或火灾原因的假设。在这起案件中，调查人员最终会采集地毯样品，并送到实验室进行火灾残留物分析[26]。采集的样品都是被浇过汽油的，因为它们都含有 ILR 以及 SBP、PyP 和 CoP。

干扰产物的来源

干扰产物的不同来源见图 7.3。

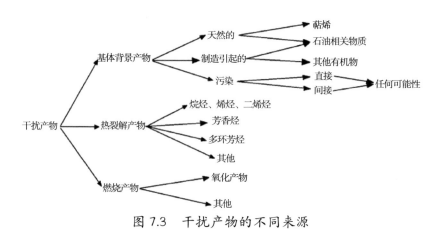

图 7.3　干扰产物的不同来源

基体背景产物

这类产物包括所有燃烧前已经吸附在基体表面、会干扰火灾残渣分析的产物（通常为汽油相关物质）。如图 7.3 所示，这些产物可进一步分为三个次级来源。

1. 天然的

有一些天然基体背景产物原本就存在于基体原料中，如一些橡胶含有高沸点碳氢化合物、一些木材中含有萜烯，这些都是天然背景的一部分[27,28]。

2. 制造引起的

产品制造过程中也可能产生干扰物，这些干扰物吸附在基体表面就会干扰 ILR 的鉴定。例如，因使用目的不同，制造过程中采用的溶剂也不同[29]，像印刷行业中就使用煤油作为油墨的溶剂[21]。

3. 污染

实际上，任何基体随时都可能因自然或偶然原因受到污染。这些污染物还可以进一步被分为直接接触污染物和间接接触污染物。

直接接触污染物，是指当两个物体或两个表面有直接接触时产生的污染物。在法庭科学中，这被叫作洛卡德交换原理[30]。这个原理就是犯罪嫌疑人和犯罪现场之间会进行材料和痕迹的交换，这也可以使一般污染的情况发生变化。例如，犯罪嫌疑人穿着鞋子在加油站沾有汽油的垫子上行走，就会在上面留下直接接触污染物。卡瓦纳、杜·帕斯基尔和伦纳德已经对此进行过成功的阐述。

间接接触污染物，是指通过空气传到基体上的污染物。例如，火灾现场使用正压排风系统就会产生间接接触污染物。朗和狄克逊的研究显示，如果使用正压排气扇，汽油蒸气就可能污染房子内的一些基体[31]。但是，库西亚夫斯在研究中采用了不同的条件，却没有观察到这个现象[32]。

热裂解产物

第二类干扰产物的来源是基体受热释放出来的 PyP。热裂解可以定义为"不接触氧气或其他氧化剂 [几乎所有固体（或液体）燃烧都需要氧气或氧化剂]，固体（或液体）化学品受热后分解而产生较小的挥发性分子的过程"[24]。

虽然热裂解过程中会产生许多化学品，也会受到环境和基体性质的影响，但一般还是遵循三个主要分解机理：随机断裂、侧基断裂和单体反转[33,34]。这也就确定了其他特殊机理，但是对于分析火灾残留物的作用不大。

1. 随机断裂

第一种机理涉及聚合物主链的随机断裂[35]。图 7.4 显示了聚乙烯随机断裂的过程，这种断裂产生了一系列长度不同的烷烃、烯烃和二烯烃。以聚乙烯为例，这种 PyP 的色谱结果曾在图 6.24 上显示。

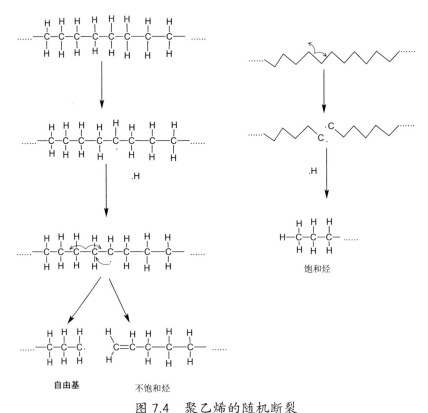

图 7.4　聚乙烯的随机断裂

2. 侧基断裂

这种机理涉及侧基从主链上断裂[36]，断裂后，主链会成为聚合性不饱和化合物并进行重排，最终变成芳香烃，其典型代表就是聚氯乙烯（见图 7.5）。

这种类型的热裂解产物包括多种芳香烃、从苯到 C4 或 C5 烷基苯，甚至更大系列的聚芳香烃。

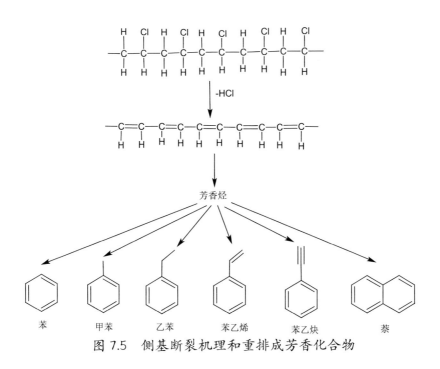

图 7.5　侧基断裂机理和重排成芳香化合物

3. 单体反转

与前两种机理相比，单体反转分解机理对火灾残留物分析的作用是最小的。在此种模式中，聚合物简单解聚就可恢复到单体版本，丙烯酸酯聚合物是最典型的代表（见图 7.6）。这种反应通常会产生一种化合物，如果已经知道聚合物的结构，那么就很容易预测产生何种化合物[37]。单体反转本身通常不会干扰 ILR 的鉴定，因为只出现一个峰，在可燃液体中这种现象不常见。

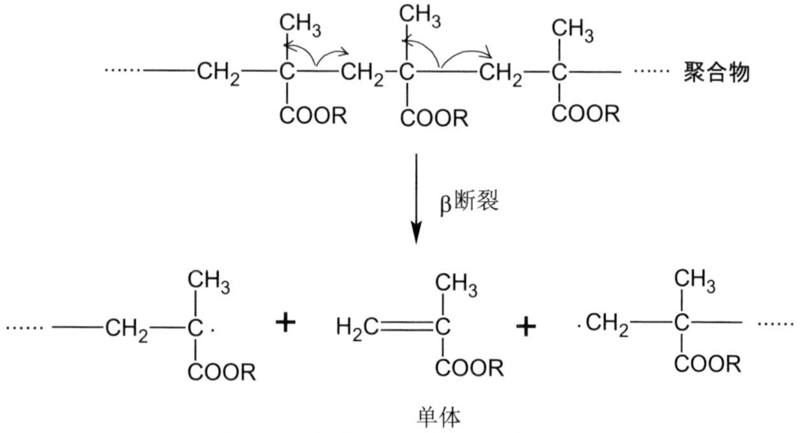

图 7.6　聚合物向单体形式反转

同时涉及多种分解机理的热裂解

如上所示，分解机理一般都非常直接、非常简单。热裂解产物不仅能够预测，而且在聚合物给定的情况下是很确定的。但是，以上状况只是理论预测，实际状况要复杂得多。事实上，很少有聚合物只用一种分解机理进行热裂解，一般是两种或多种机理同时发生。

那么，如何确定聚合物应用哪种机理进行热裂解？简单地说，就是遵循最弱键原理。聚合物中最弱的键一般最先断裂，这个断裂过程就决定了应用哪种机理。然而，有些情况下，参数（如温度上升的速度）会改变键断裂的顺序。但是，通过观察键的裂解能，可了解不同聚合物的分解产物[38]。

图 7.7 显示了不同分解机理下聚合物分解的过程。

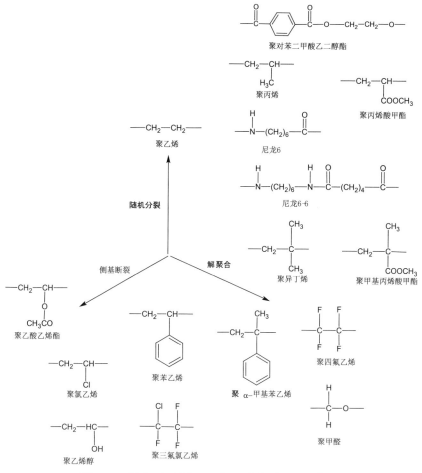

图 7.7　根据分解机理展示的聚合物示意图

表 7.1 显示了家庭中一些常见的聚合物，以及每一种聚合物的结构、主要分解机理和释放出的典型 PyP。

表 7.1 一些常见聚合物及其化学结构、分解机理、热裂解产物

聚合物		化学结构	分解机理	热裂解产物
聚烯烃	聚乙烯	—CH(H)(H)—CH$_2$—	随机断裂	n－烷烃 n－烯烃 n－二烯烃
	聚丙烯	—CH(H)(CH$_3$)—CH$_2$—	随机断裂	支链烷烃 支链烯烃 支链二烯烃
	聚异丁烯	—C(CH$_3$)(CH$_3$)—CH$_2$—	随机断裂 单体复原	支链烷烃 支链烯烃 支链二烯烃
苯乙烯聚合物	聚苯乙烯	—CH(H)(C$_6$H$_5$)—CH$_2$—	单体复原 侧基断裂	苯乙烯 芳香烃
	聚 α－甲基苯乙烯	—C(CH$_3$)(C$_6$H$_5$)—CH$_2$—	单体复原	α－甲基苯乙烯
烯烃聚合物	聚氯乙烯	—CH(Cl)(H)—CH$_2$—	侧基断裂	芳香化合物 氯化物
	聚二氯乙烯	—C(Cl)(Cl)—CH$_2$—	侧基断裂	芳香化合物 氯化物
	聚二氟乙烯	—C(F)(F)—CH$_2$—	侧基断裂	芳香化合物 氟化物
	聚四氟乙烯	—CF$_2$—CF$_2$—	单体复原	四氟乙烯
	聚乙酸乙烯酯	—CH(O—CO—CH$_3$)—CH$_2$—	侧基断裂	芳香化合物 乙酸
	聚乙烯醇	—CH(OH)(H)—CH$_2$—	侧基断裂	芳香化合物

（续表）

聚合物		化学结构	分解机理	热裂解产物
丙烯酸酯聚合物	聚丙烯酸甲酯		随机断裂	甲醇 氧化物
	聚甲基丙烯酸甲酯		单体复原	甲基丙烯酸甲酯
聚酰胺	尼龙6		伴随交联 随机断裂	氧化物
	尼龙6-6		伴随交联 随机断裂	氧化物
聚酯	聚对苯二甲酸乙二醇酯		随机断裂 （CO键）	氧化物
	聚萘二甲酸乙二醇酯		随机断裂 （CO键）	氧化物
	聚对苯二甲酸丁二醇酯		随机断裂 （CO键）	氧化物
聚碳酸酯			侧基断裂	芳香化合物 氯化物
聚氨酯			单体复原 随机断裂	异硫氰酸酯 氧化物

（续表）

聚合物		化学结构	分解机理	热裂解产物
橡胶	聚顺丁二烯		单体复原（随后二聚）	顺丁二烯烯烃
	聚反丁二烯		单体复原（随后二聚）	戊二烯烯烃
	SBS		单体复原随机断裂	丁二烯烯烃芳香化合物
	聚2-氯-顺-丁二烯		侧基断裂	芳香化合物
聚丙烯腈和共聚物	聚丙烯腈		侧基断裂	芳香化合物
	SAN		侧基断裂随机断裂	芳香化合物
纤维素			CO键随机断裂	氧化物

科学家如果仔细研究该表，应该有助于熟悉火灾残留物分析中遇到的聚合物种类。聚合物结构知识对科学家理解后文中的 PyP 有很大帮助，同时可使其提高解释技能。

燃烧产物

燃烧是一种非常复杂的现象，常被描述为链反应。一些作者在自己的作品中展现了燃烧非常复杂的反应机理[25,39]，因此，燃烧发生的条件不同，释放出的产物可能就不同。如果条件理想，燃烧很充分，CoP 就会被完全氧化或还原。大多数有机化合物，如果燃烧很充分，最终产物就会是 CO_2 和 H_2O。如果燃烧条件不充分，将导致不完全氧化和还原成其他产物，它们就被叫作不完全燃烧产物。

不完全 CoP 最常见的例子就是烟雾凝结物。如文献所述，其主要成分是多环芳烃[40,41]。CoP 和 PyP 之间的差异主要是：PyP 不是氧化反应的结果，而 CoP 是氧化反应的结果。虽然这个概念有争议，特别是对有些热裂解过程的定义，但是完全展示其差异已经超出了本章讨论的范围[42]。有趣的是，笔者发现 ASTM 标准 E1618 最新版本已经将"热裂解和燃烧产物"集合词列入 11.2.1 节，而之前的版本只列入了"裂解产物"[43,44]。

聚合物和干扰产物知识

几乎任何基体都含有 SBP 固有组分，PyP 也基本都是由聚合物产生，并且聚合物是大多数家庭采用的原材料。因此，对于火灾调查人员和火灾残渣分析人员来说，了解火灾残渣中的不同聚合物非常重要。

下面介绍最常见的聚合物及其用途[45,46]，结构见表 7.1。

聚烯烃

1. 聚乙烯（PE）

聚乙烯是最简单的聚合物，由乙撑基重复构成。聚乙烯又分为低密度聚乙烯（LDPE）和高密度聚乙烯（HDPE），这取决于两个链之间的分支程度，分支越多密度越低。低密度聚乙烯比高密度聚乙烯强度大，因此用于制造高强度纤维、面料或者物体。例如，聚乙烯用于制造杂货店塑料袋和垃圾袋、塑料盒（如乐柏美）、塑料桶、塑料管、洗发水瓶、儿童玩具、汽车油箱甚至一些小型家用雨棚，还可用于电线绝缘。

2. 聚丙烯（PP）

聚乙烯中重复单元的一个碳加上甲基，就得到聚丙烯。聚丙烯是很有弹性的聚合物，既可用于塑料，也可用于纤维。用聚丙烯制造的物品主要有耐洗餐盒、汽车塑料零件（装饰物、HVAC 管等）、一次性使用品、塑料电子元器件等。作为纤维材料，聚丙烯不吸水，因此主要用于制造室内外地毯。

3. 聚异丁烯（PIB）

当两个甲基连到聚乙烯的一个碳上时，就得到聚异丁烯。聚异丁烯是人造橡胶，因此也常常叫橡胶。聚异丁烯的主要性能是防水，因此常用于轮胎和篮球内衬。

苯乙烯聚合物

聚苯乙烯（PS）

聚苯乙烯的重复元素是苯乙烯，通过苯基取代聚乙烯重复单元上的一个氢得到。这是家用物品中第二常见的塑料，用于制造计算机外壳、模型汽车、各种设备的塑料零件、一次性餐具、玩具、CD 盒、键盘、汽车内压模零部件等。更广为人知的用途是聚苯乙烯泡沫，使用具有很大的灵活性，如水杯、运输包装材料、建筑材料。

乙烯基聚合物

1. 聚氯乙烯（PVC）

当氯原子取代聚乙烯重复单元中一个氢原子，就得到聚氯乙烯。日常生活中，聚氯乙烯几乎到处可见。聚氯乙烯广泛用于需要防水的物品，如水管、乙烯包边、乙烯车顶、油毡地板、雨衣、淋浴布帘等。聚氯乙烯还很耐火，因为分解时会释放氯原子，可以阻止燃烧。因此，聚氯乙烯不易燃烧，且可以在一定程度上耐火。

2. 聚偏二氯乙烯（PVDC）

通过用两个氯原子取代聚乙烯单元同一个碳原子上的两个氢，就得到聚偏二氯乙烯。聚偏二氯乙烯常用于包裹食物，其主要品牌是莎纶。

3. 聚偏二氟乙烯（PVDF）

当聚乙烯中一个碳上的两个氢原子被两个氟原子取代，就得到聚偏二氟乙烯。聚偏二氟乙烯具有良好的耐热和电绝缘性，这使得其成为很好的电线绝缘体，主要用于耐热电线，如计算机和其他电子设备的内部电线，尤其是不适合使用聚乙烯时。聚偏二氟乙烯还可用于飞机电线，因为要放火。由于具有良好的抗紫外线作用，聚偏二氟乙烯和聚甲基丙烯酸甲酯混合可以制造外窗。聚偏二氟乙烯还具有优良的抗化学作用，因此可以用来制造储存化学品的容器和瓶子。

4. 聚四氟乙烯（PTFE）

当聚乙烯的四个氢原子被四个氟原子取代，就成了聚四氟乙烯，主要商品名叫特氟龙。因为聚四氟乙烯具有不粘任何东西的性质，主要被用于制造不粘锅涂层。此外，还被用于处理地毯和纺织品（如戈尔特斯），因为聚四氟乙烯可以使其不变色。聚四氟乙烯比较容易被人体接受，因此常用于制造假肢。

5. 聚醋酸乙烯酯（PVAc）

当聚乙烯中一个氢原子被乙酰基取代，就成了聚醋酸乙烯酯。聚醋酸乙烯酯广泛用于家庭日用品中，但是不太被人注意，主要是用于制造黏合剂，如木胶。另外，纸和纺织品常用聚醋酸乙烯酯涂布或施胶，从而使表面光洁。聚醋酸乙烯酯还是丙烯酸乳胶漆里的乳胶成分之一。

6. 聚乙烯醇（PVA）

将聚乙烯重复单元中的一个氢原子用醇基取代，就变成了聚乙烯醇。聚乙烯醇和聚对苯二甲酸乙二醇酯（PET）一起，用来制造碳酸饮料瓶。二氧化碳可以很容易通过聚对苯二甲酸乙二醇酯，但是无法通过聚乙烯醇。生产过程中，通过涂布聚对苯二甲酸乙二醇酯和聚乙烯醇薄层，就可以生产抗二氧化碳的结实的瓶子。

丙烯酸聚合物
聚甲基丙烯酸甲酯（PMMA）

聚甲基丙烯酸甲酯的结构更加复杂（见表7.1），是透明的塑料，主要应用于有机玻璃（其主要品牌是德固赛亚克力），以防止其破碎。此外，还有许多应用，如防飓风窗户、汽车头灯，制造热水澡桶、淋浴房、水池。耐热柜台也是用聚甲基丙烯酸甲酯制造的，通常会掺杂氧化铝。注意不要将聚甲基丙烯酸甲酯和福美家混淆，后者是三聚氰胺—甲醛树脂。乳胶漆中也含有聚甲基丙烯酸甲酯。聚甲基丙烯酸甲酯还可用于石油和润滑油的添加剂，因为加入聚甲基丙烯酸甲酯降低了这些流体的黏度。

聚酰胺

1. 尼龙 6

尼龙的结构见表 7.1。尼龙是最常见的用于纤维的聚合物，主要用来制造衣服和地毯，有时也会用来制作绳子、包和降落伞等。

2. 尼龙 6-6

尽管尼龙 6-6 和尼龙 6 的结构不同，但是性质几乎没有差别。尼龙 6-6 是由杜邦公司发明的，并且最早申请了专利。

聚酯

1. 聚对苯二甲酸乙二醇酯（PET）

如表 7.1 所示，聚对苯二甲酸乙二醇酯的重复单元是由对苯二甲酸和乙撑基构成的。这种聚合物最常见的应用是饮料的防碎塑料瓶（与聚乙烯醇一起用于装碳酸饮料），还可用于制造塑料壶。用聚对苯二甲酸乙二醇酯制造的物品通常不能回收再利用，因为消毒过程使用的温度会使聚对苯二甲酸乙二醇酯熔化或变得太软而难以保持原状。聚对苯二甲酸乙二醇酯还可用于制造服装纤维。

2. 聚萘二甲酸乙二醇酯（PEN）

聚萘二甲酸乙二醇酯和聚对苯二甲酸乙二醇酯的结构非常相似，对苯二甲酸酯基团用萘二甲酸酯代替。聚萘二甲酸乙二醇酯具有很高的玻璃转化温度，这意味着其比聚对苯二甲酸乙二醇酯耐高温。这就是为什么聚萘二甲酸乙二醇酯和聚对苯二甲酸乙二醇酯混合制造的瓶子和壶可回收再利用。

3. 聚对苯二甲酸丁二醇酯（PBT）

聚对苯二甲酸丁二醇酯具有和聚对苯二甲酸乙二醇酯相同的用途和相似的结构，但其用丁撑基代替乙撑基。

聚碳酸酯

有几个重要的聚碳酸酯，最重要的是双酚 A 的聚碳酸酯，其结构见表 7.1。聚碳酸酯是透明塑料，用于制作防碎玻璃、轻质眼镜镜片和汽车前灯等。

聚氨酯

有几种不同的聚氨酯，一般结构见表 7.1。这些聚合物的灵活性非常好，常见于泡沫、纤维、油漆、橡胶和黏合剂等。聚氨酯最常见的产品为氨纶纤维，可用于制造能够伸缩的织物，如运动服。聚氨酯还可用于制造家具内饰泡沫（如长沙发和靠背椅）、其他泡沫（如地毯垫、人造海绵）以及内部填充软材料的毛绒玩具。

橡胶

1. 聚丁二烯（PBD）

聚丁二烯是由带两个碳碳双键的单体形成的。这种聚合物是首次合成的弹性体之一，在很多零件中用作橡胶，因为它比其他聚合物更能够抵抗低温，既可用于制造管、带、篮和其他汽车部件，也可用于共聚以制造汽车轮线。在共聚物应用中，最重要的是聚（苯乙烯－丁二烯－苯乙烯），也叫 SBS。

2. 聚异戊二烯（PIP）

聚异戊二烯具有稍微复杂的重复单元，见表 7.1。事实上，聚异戊二烯是天然橡胶，最早从橡胶树中提取，硫化后用于制造轮胎。已知常见的含有橡胶的物品有靴子、缓冲垫、汽车橡胶零件。另外，轮胎侧面通常也用聚异戊二烯制造。还可用于制造隔离电线、柔软的包或者橡胶袋。

3. 聚（苯乙烯－丁二烯－苯乙烯）（SBS）

SBS 是由聚苯乙烯和聚丁二烯混合物制造的黑色聚合物，也叫硬橡胶。虽然 SBS 具有 PBS 橡胶方面的性能，但由于增加了 PS，所以主要用于对耐磨性要求较高的轮线、鞋底以及其他物品。

4. 聚氯丁二烯（PC）

将 PIP 中心碳原子上的一个氢用氯取代，就得到 PC。在市场上，人们通常将其称为氯丁橡胶。因为 PC 是很耐油的塑料或弹性物体，所以常用于制造蛙人潜水服。

聚丙烯腈和共聚物

1. 聚丙烯腈（PAN）

当腈基取代 PE 重复单元上一个氢，就得到 PAN。单独使用 PAN 的情况并不多，虽然 PAN 被用作碳纤维的前体，但主要是用于下面所述的共聚。

2. 聚（丙烯腈－合－氯乙烯）

PAN 和 PVC 混合，可以获得耐火聚合物。这种聚合物常用作纤维，通常叫作变性聚丙烯腈（modacrylic）。

3. 聚（丙烯腈－合－丙烯酸甲酯）和聚（丙烯腈－合－甲基丙烯酸甲酯）

PAN 和 PMA 或 PMMA 混合，就得到了另一种聚合物，这种聚合物主要用于制造丙烯酸服装纤维。

4. 聚（苯乙烯－合－丙烯腈）（SAN）

SAN 是 PS 和 PAN 简单的共聚物，用于制作塑料。

5. 聚（丙烯腈－合－丁二烯－合－苯乙烯）（ABS）

ABS这种共聚物,结构更复杂。事实上,它是PBD和SAN的嫁接,是质量很轻的塑料，用于制造压模部件，如汽车防撞梁。

纤维素

如表7.1所示，纤维素是由重复葡萄糖单元构成的天然聚合物，构成木材、棉花、纸张的主要成分。其应用很多，如制作衣服、书籍、家具等。

家用物品中发现的干扰产物的估计

根据研究的基体可以估计部分干扰产物，当然，估计的时候要格外用心。这种估计需要实际训练，而想要通过阅读某本书的一个章节获得是不可能的。这种经验在实验室里很容易获得，最好的方法就是获得不含有可燃液体的火灾残留物代表样品。这可以通过请火灾调查人员从火灾现场带回已知不含 ILR 的样品，或者获得未燃烧样品在实验室燃烧。

如果在有些情况下能够预测干扰产物和排除干扰产物的困难，那么了解和还原其存在就会成为可能。另外，获得阴性样品的经验将使科学家最早认识干扰产物。

基体背景产物的估计

虽然估计污染物（SBP 亚类）很困难，但分析人员仍然可以发现基体背景产物中到底是何种天然污染物和人工污染物。前面的实例中已经叙述过了。了解物体或材料是如何制造的，可以使分析人员进一步了解涉及产物的种类。

热裂解产物的估计

一般来说，发生在室内的火灾中，所有上述聚合物都有可能被点燃，因为起火时温度最高可达500℃。

热裂解产物在定性方面很容易估计，但有许多参数影响热裂解产物的产生。

　　根据聚合物不同，表 7.1 展示了热裂解的不同机理，列出了典型的热裂解产物。通过了解火灾残留物的化学结构和这些特别聚合物的热裂解机理，就有可能估计出一些产物。关于这种方法的详细解释，读者请参考笔者的另一篇文章[38]。

　　另外，科学家应该知道大量不同聚合物可以构成单个物体。例如，当提到尼龙地毯，应该想起地毯纤维是尼龙制造的，但其背面可能是聚丁二烯和其他天然纤维素纤维。还有，地毯火灾很可能并非由聚氨酯制造的地毯垫引起的。火灾残留物含有四种不同的聚合物，会产生四个不同系列的裂解产物。

燃烧产物的估计

　　文献没有介绍火灾残留物分析中热裂解产物和燃烧产物的准确差异，但是大多数燃烧产物是裂解产物的氧化产物，因此，这些产物通常和那些在 ILR 中发现的并不一样。这就是为什么在火灾残留物分析中，分析人员不太关注这类产物。

SBP 和 PyP/CoP 之间的差异

　　为了说明 SBP 和 PyP/CoP 之间的差异，需要萃取和分析同一场火灾中未燃烧的基体和燃烧过的基体。这样可以将得到的两个色谱图结合起来分析，从热裂解产物和燃烧产物中区分 SBP。下面三个色谱图是该实验得到的结果，建议对最常见的物品（如地毯、木材和装饰物）进行实验，这将有助于分析人员很快认识不同产物的来源。

1. 聚酯地毯

　　从图 7.8 中可以看到，未燃烧过的和燃烧过的聚酯地毯的色谱图之间的差异。甲基异丁酮（MEK，2.6 min）、一个 C9 支链烯烃（4.1 min）、乙基苯（45 min）、苯乙烯（52 min）、苯甲醛（6.9 min）、

2- 乙基 –1– 己醇（9.3 min）、萘（13.8 min）、环戊基苯（14.8 min）以及一些 C15 支链烯烃（16~17 min），是由地毯热裂解和燃烧产生的。在本例中，甲苯（3.0 min）未燃烧过的样品比燃烧过的样品浓度要高。相比之下，样品中苯甲醛燃烧过的浓度比未燃烧过的浓度要高。最后，可以看到在两个色谱图上，8~15 min 范围，都具有同样的脂肪族化合物，这说明这些化合物均为 SBP。

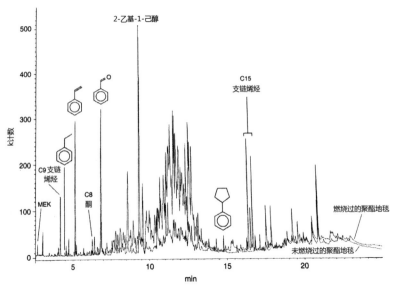

图 7.8　燃烧过的和未燃烧过的聚酯地毯色谱图

2. 报纸

图 7.9 显示了燃烧过的和未燃烧过的报纸提取液。呋喃甲醛（3.9 min）、乙基苯（4.5 min）、苯乙炔（4.8 min）、苯乙烯（5.1 min）、α – 甲基苯乙烯（7.6 min）、苯并呋喃（8.0 min）、茚满（9.8 min）、甲氧基酚（11.3 min）、萘（13.8 min）和甲氧基甲基酚（14.1 min）

是报纸在燃烧过程产生的，这和纤维素的分解过程非常一致。色谱图下部的重油蒸馏模式图来自基体背景，已经在伦蒂尼、多兰、切里的文献中有过叙述[21]。

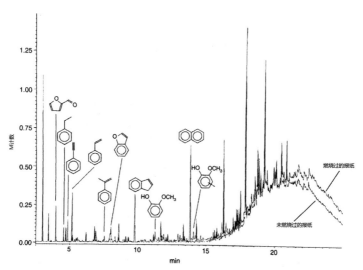

图 7.9　燃烧过的和未燃烧过的报纸色谱图

3. 木材

燃烧过和未燃烧过阶段之间没有差异的基体的实例是黄松木（见图 7.10）。因为燃烧基体没有产生外部峰，所以两个色谱图非常相似。正如所料，大部分峰为萜烯。

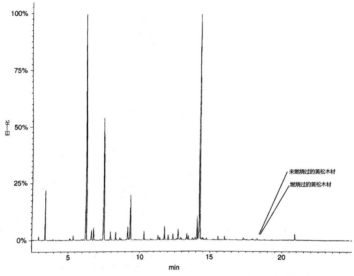

图 7.10　燃烧过的和未燃烧过的黄松木色谱图

解释色谱图和鉴定干扰来源的实例

下面的色谱图是笔者分析实际样品时得到的，数据来自第 6 章、第 7 章。

笔者这样做的目的是，训练调查人员或分析人员跳出正常的 ILR 框架，多了解不同来源的干扰物。通过了解干扰产物的性质和来源，可以进一步简化色谱图的解释，更重要的是，可以得到更加确定的结论。

根据 ASTME 1412-00 标准，收集所有样品时要用被动顶空法，并且在 90 ℃的环境中用活性炭棒（ACS）富集 12~16 h[47]。然后用添加了 100 ppm 的四氯乙烯 0.5 mL 作为内标的乙醚，对活性炭棒进行解吸附，提取液用惠普 6890-5973 GC-MS 分析。

在介绍 5 个案例之前，请读者看图 7.11~ 图 7.14。75% 挥发的汽油总离子色谱图（TIC）见图 7.11，芳环的提取离子流图见图 7.12，重油 C9~C15 馏分 TIC 见图 7.13，脂肪族和芳香族组分的提取离子流轮廓图见图 7.14。这些色谱图可以和案例中的色谱图作比较，以便进行参考。

图 7.12 中不同离子代表如下分子基团： C2- 和较大烯烃的 105 离子、C3- 及较大烯烃的 119 离子、茚满的 117 离子、取代茚满的 131 离子、甲基萘的 142 离子、二甲基和乙基萘的 156 离子。

图 7.14 中不同离子代表如下分子基团：烯烃的 55 离子、烷烃的 57 离子、环烷烃的 83 离子、芳香化合物的 105 离子。

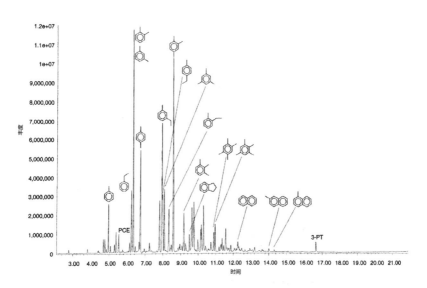

图 7.11　75% 挥发的汽油 TIC

注：PCE 是四氯乙烯，3-PT 是 3- 苯基甲苯，都是内标。

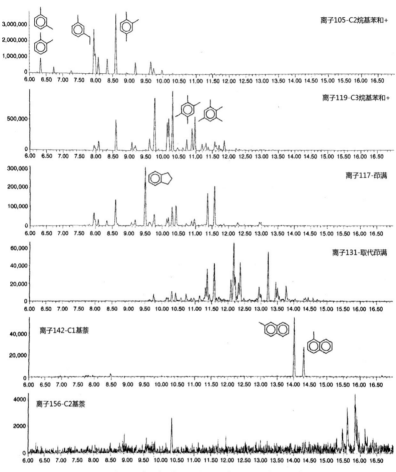

图 7.12 汽油中芳香化合物成分的提取离子流图

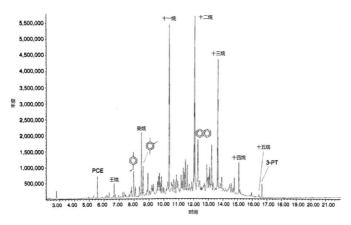

图 7.13 重油 C9~C15 馏分的 TIC

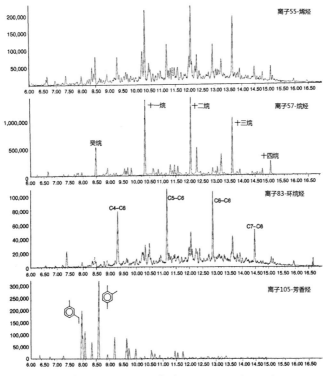

图 7.14 重油脂肪族和芳香族馏分的提取离子流图

案例 1

该案例中的样品是一块地毯，组成成分未知，取自发生火灾房屋的地面，图 7.15 显示了提取液的 TIC。

没有明显的可燃液体轮廓图，在 5~9 min 范围可能看到几个峰，在 10~13 min 之间有一点抬升，14 min 附近有 3 个峰，最后在 19.5 min 附近有一个峰。

14 min 附近的 3 个峰是地毯产生的典型的支链烯烃，许多地毯样品中都出现过，如图 7.8 中显示的那样。

在有些情况下，轻微的"抬升"可能被混淆，使分析人员认为存在中级石油馏分（MPD）。但是，如果没有独特的直链烷烃轮廓，就可以迅速排除 MPD，这可以通过显示 55、57、83 等离子的提取离子流图来展示（见图 7.16）。而且，当看到单个峰并用质谱数据库鉴定，可以很快认识到大多数这些峰是不饱和化合物，因此不可能来自可燃液体。如前面章节所显示的，地毯样品的 SBP 常常看到在 C10~C15 烃之间"抬升"。

因此，10~14 min 的时间范围内是干扰产物。色谱图上前面的流出峰可以通过谱库检索很快确定；2,4- 二甲基 -1- 戊烯（5.9 min）、苯乙烯（6.7 min）、苯甲醛（8.0 min）、α - 甲基苯乙烯（8.3 min）和苯乙酮（10.0 min）都是热裂解和燃烧产物。这些化合物不是来自可燃液体，即使 1,2,3- 三甲基苯都可能来自热裂解。

最后，笔者提取了芳香烃离子流图。在本案例中，没有显示存在 ILR。

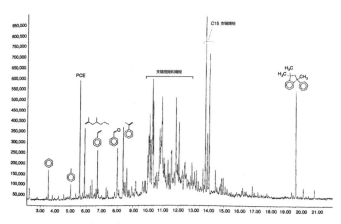

图 7.15 从火灾的房子中提取的地毯样品萃取液 TIC（案例 1）

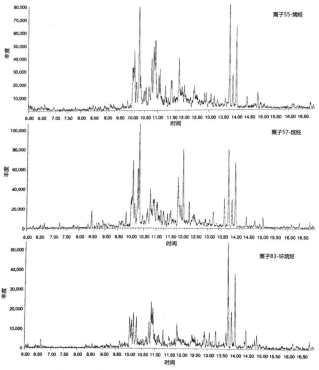

图 7.16 案例 1 样品 55、57、83 离子的提取离子流图

案例 2

该案例中的样品来自房屋火灾，调查人员认为此次火灾是人为放火造成的，他们初步确认了三个起火点。根据现场燃烧情况，调查人员认为纵火犯使用了可燃液体。这是笔者采集并在实验室分析的样品之一。它用于阁楼上使火势蔓延的拖车残留物，并且其中包含未知材料。

图 7.17 显示了提取液的 TIC。刚观察时分理出两个轮廓图；一个是较早流出的 4~8 min 的，一个是 8~18 min 强度较低的钟形轮廓图。

提取 55、57、83、105 离子时（见图 7.18），轮廓马上就清楚了。不仔细检查 8~18 min 之间的钟形色谱图轮廓，可能会认为其中含有重石油馏分。但是，仔细查看，发现有双峰出现在 55 离子提取色谱图上，这是聚乙烯或沥青的裂解产物。在本案例中，出现的是双峰而不是三峰，由此可以推测污染物来自沥青而不是聚乙烯[20]。另外，在 83 离子窗口出现的环烷烃不是来自聚乙烯的热裂解[38]。所有这些因素显示，8~18 min 出现的系列色谱峰不是来自可燃液体。

当仔细审视较早流出的色谱轮廓图，可以看到 57 离子窗口的强信号，这也几乎同样反映在 55 离子窗口。在谱库中检索该区域的不同峰，显示存在下列化合物：2- 甲基己烷（3.5 min）、3- 甲基己烷（3.6 min）、正戊烷（4.0 min）、2- 甲基戊烷（4.9 min）、3- 甲基戊烷（5.0 min）、正辛烷（5.3 min）、2,6- 二甲基戊烷（5.7 min）、2,3- 二甲基戊烷（6.1 min）、3- 甲基辛烷（6.3 min）和正壬烷（6.7 min）。

这些产物不是由热裂解聚合物产生的，因为基体背景中不会产生这么大的量，因此可以确定含有 C7~C9 轻石油成分。

在本案例中，研究芳香族化合物提取离子轮廓，没有显示任何有价值的数据。

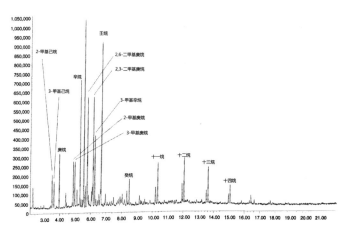

图 7.17 来自火灾房子样品提取液的 TIC（案例 2）

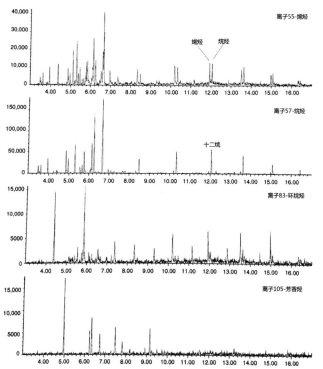

图 7.18 案例 2 样品 55、57、83 和 105 离子的提取离子流图

案例 3

该样品来自一辆燃烧过的美国汽车，取样位置是驾驶座前面的地板。一般来说，如果调查人员怀疑是汽车纵火案，就会对地板进行采样。这样做的原因是，大多数纵火犯会在汽车座位上泼可燃液体，然后将地毯拖到车门位置进行点燃。对纵火犯来说，这样做相对比较安全。当整辆车燃烧起来时，所有的装饰物和座位填充材料都会被烧光，最终在地板上留下残渣。

如果火势不大或时间不够长，没有完全将地板烧光，通常这种样品中会含有许多干扰产物。这是由于在同样的着火点含有地毯以及掉到地板上的任何物体。所以，在考虑污染产物组成时，不仅要考虑地毯的复杂组成，还要考虑掉到地上的东西的组成，这可能包括 ABS、聚苯乙烯和许多其他聚合物。这类样品可能包含很多芳香化合物，其中苯乙烯和 α – 甲基苯乙烯出现的可能性很大。

图 7.19 显示了样品提取物的 TIC。峰不多，没有明显的可燃液体色谱图轮廓。

可能看到甲苯（5.0 min）、乙苯（6.2 min）、苯乙烯（6.7 min）、α – 甲基苯乙烯（8.4 min）和萘（12.3 min）。确实，还有其他化合物，如甲基戊烯（5.9 min）、苯酚（8.1 min）以及十四烷二烯醇（10.2 min）。所有这些化合物都是构成汽车乘客舱不同聚合物的干扰产物。

即使没有明显的轮廓，也有必要提取离子轮廓，确认存在或支持不存在 ILR。图 7.20 显示离子 105、119、117、131、142、156 的提取离子轮廓图。

在 105 离子窗口中，可能注意到存在大多数的 C2– 烷基苯。即使苯乙烯峰稍微掩盖了轮廓，其比例和图 7.12 中显示的汽油轮廓也不相似。

在 119 离子窗口，可以看到大多数 C3– 烷基苯，但是比例并不正确。

在 117 和 131 离子窗口，虽然大多数被 α– 甲基苯乙烯峰掩盖，但仍有少量的茚满和甲基茚满，这在石油馏分芳香化合物中很常见。通过仔细查看 131 离子窗口，可能发现其峰比例和常见石油产品的不太一致。通过图 7.12，可以看到不同离子之间的比例也不对。

代表了甲基萘的 142 离子窗口作用很大。在所有的石油馏分中，2– 甲基萘（14.0 min）比 1– 甲基萘（14.3 min）高。如果这个比例反过来，就意味着其中有基体燃烧过。在本案中，两者比例相等，这表示两个化合物可能来自热裂解而不是来自 ILR。但是，注意到这个比例的变化不意味着 ILR 不存在。来自 ILR 的甲基萘，可能和那些来自基体产生不对称比例的产物叠加在一起。

最后，在 156 离子窗口，很难看到任何二甲基和乙基萘。55、57、83 离子的提取色谱图轮廓没有显示存在 ILR，只显示了汽车乘客舱发现的聚合物的典型裂解干扰产物。

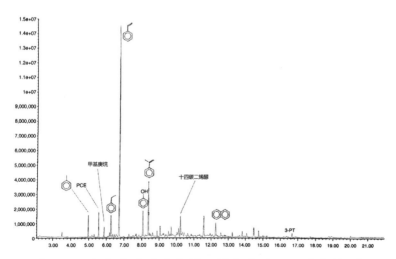

图 7.19　来自烧过的汽车样品提取液的 TIC（案例 3）

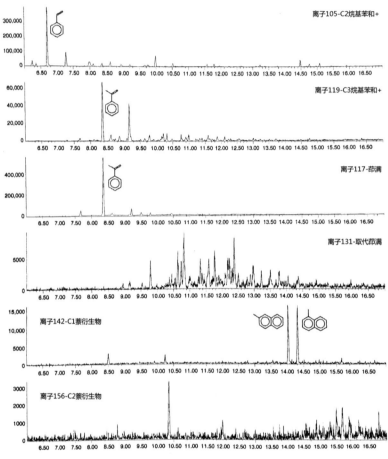

图 7.20 案例 3 样品 105、119、117、131、142 和 156 离子的
提取离子流图

案例 4

本案例含有一片取自起火房间内的地毯。

图 7.21 显示了提取物的 TIC。通过初步观察，可以看到 5~7 min
之间有几个峰，在 8~16 min 有较大的抬升。虽然这个抬升比图 7.16

中的大，但是这在地毯中完全可以预期，很可能是由直链烷烃和烯烃组成。

当研究 55、57 和 83 离子的提取离子色谱图时，可能会注意到两个独特的轮廓（见图 7.22）。第一个出现在 8~11.5 min，是在大多数地毯中出现的 SBP 抬升。55 和 83 离子窗口很相似，而 57 离子窗口较弱，不存在任何合理的轮廓。

通过比较，出现了起始于 12.1 min 的直链烷烃轮廓图，为正十二烷；接下来是正十三烷（13.6 min）和正十四烷（15.2 min）。确实，环烷烃也有，在正烷烃之间，出现在 83 离子窗口中。

图 7.23 清楚地显示了芳香烃的提取离子色谱图轮廓，和图 7.12 相符。

样品显示的轮廓不只是由干扰产物产生，ILR 也起了作用，最好的证据是在 14.0 min 和 14.3 min 处的甲基萘的比例。2– 甲基萘比 1– 甲基萘大，比较明显地表示存在 ILR。

和脂肪族成分相比，芳香族成分高表示轮廓来自汽油的挥发，而不是中间石油馏分。

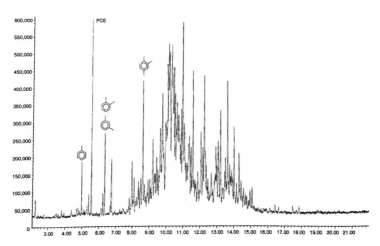

图 7.21　来自火灾房子烧过的地毯样品提取液的 TIC（案例 4）

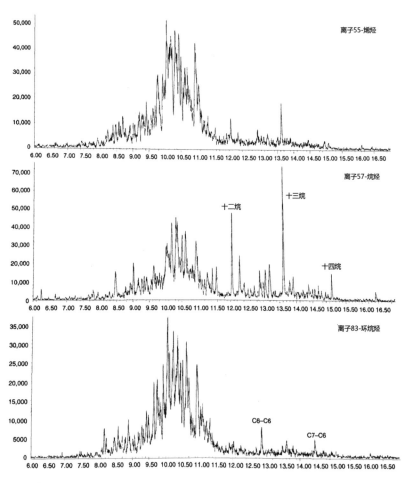

图 7.22　案例 4 样品 55、57 和 83 离子的提取离子流图

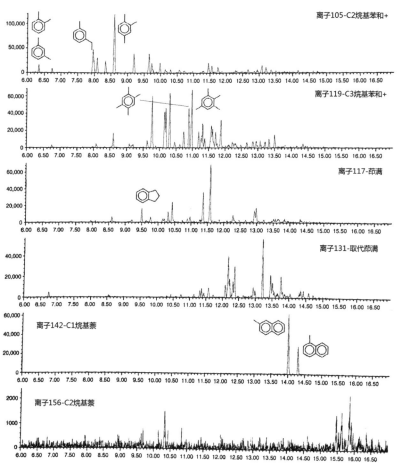

图 7.23 案例 4 样品 105、119、117、131、142 和 156 离子的
提取离子流图

案例 5

该案例的样品中包括从一所发生火灾的房间提取的纸和带子，
这些纸和带子都燃烧过。图 7.24 显示了提取物的 TIC。色谱图轮
廓相似，但是有许多外来峰。最大的峰为 1- 丁醇（3.4 min）、

丙二醇（4.4 min）、甲苯（5.0 min）、己醛（5.3 min）、呋喃醛（5.8 min）、乙基苯（6.2 min）、间 – 和邻 – 二甲苯（6.3 min）、对 – 二甲苯（6.7 min）、3– 乙基甲苯（8.0 min）、甲基戊醇（8.3 min）、1，2，4– 三甲基苯（8.6 min）、环己烷（9.13 min）、d– 柠檬烯（9.2 min）、3– 呋喃甲醇（10.8 min）以及在 14.7 min 和 15.0 min 出现的两个取代丙酸。

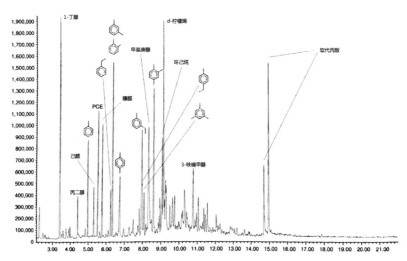

图 7.24　来自火灾房子燃烧过的纸张和带子样品提取液的 TIC
（案例 5）

出现呋喃甲醛、呋喃甲醇、丁醇、己酮等是很正常的，因为基体是纸，可以预测获得这类化合物。另外，样品中还有带子。装带子的盒子可能是聚苯乙烯，如前所述，带子本身为聚酯，这对热裂解产物多少会有些影响，但是聚苯乙烯和 α – 甲基聚苯乙烯的峰很小。

相比之下，出现 1，2，4- 三甲基苯、1，3，5- 三甲基苯以及一些 C2-、C3- 烷基苯更能吸引科学家的注意力，因为他们需要进行更多的调查。图 7.25 显示了 105、119、117、131、142、156 等离子的提取离子色谱图。

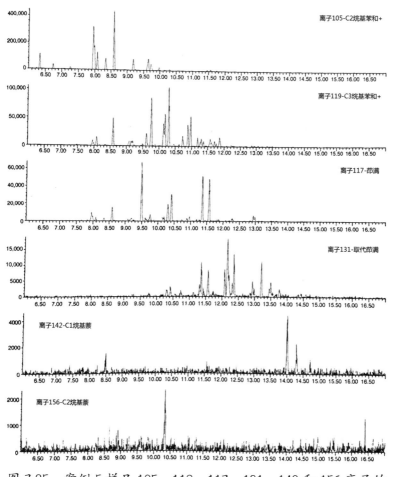

图 7.25　案例 5 样品 105、119、117、131、142 和 156 离子的提取离子流图

当和图 7.12 比较时就可以发现，除了 156 离子，所有这些离子的轮廓图匹配得很好，156 离子预期的峰没有出现在样品中。这在有的汽油中遇到过，样品中出现挥发的汽油是很正常的。

结论

火灾残留物分析的复杂部分是色谱图的解释，这是因为可燃液体包括几百种不同的化合物，其色谱图轮廓会被环境和其他发生在样品上的分解机理所改变。另外，基体上的干扰产物与感兴趣的成分同时分析，导致产生了更大的复杂性。

这些干扰产物有三个来源。第一，来自天然产物、制造产物和污染（直接和间接）的基体背景产物（SBP）。第二，来自组成大多数基体的聚合物燃烧热裂解产物。第三，来自热裂解产物氧化和燃烧条件不佳时产生的燃烧产物。

考虑基体是由多种不同的聚合物构成的，部分燃烧并被日常使用自然污染，向火灾残留分析人员送检的用于收集和鉴定 ILR 的基体很复杂。

当可燃液体在基体中的含量比较高时，鉴定这样的 ILR 就没有什么异议。但是，如果含量很低，并且在背景产生干扰时，得到结论就会变得很困难。

通过了解作为火灾残留物向实验室送检的物质及用于日常生活的聚合物化学，能更好地了解遇到的阴性样品中产物的种类。

本章不仅给出了了解这些概念的基础，还提供了实验室常遇到的典型的实际样品案例。希望读者掌握解释的概念，理解案例。要掌握这些，读者还需要阅读一些类似的书籍，接触更多的基体和各种可能的情况。这虽不是本书的目的，但本书为火灾残留物分析人员提供了基本概念、开展背景基体研究和更加熟悉这些产物的思路。

致谢

笔者深深感谢美国弗吉尼亚州艾蒙戴尔酒精、烟草、武器和炸药管理局的高级法庭科学家朱莉娅·多兰分享她的专业知识并且为本书不断提供帮助，感谢美国佛罗里达州拉戈奈拉斯县法庭实验室主任雷塔·纽曼分享的知识以及厚爱，感谢美国佐治亚州玛丽塔应用技术服务部火灾调查经理约翰·莱昂尼塔的支持和建议。笔者还要感谢佛罗里达州迈阿密佛罗里达国际大学（Florida International University），图7.8~图7.10来自贵校研究生论文的研究成果。

参考文献

1. D.M. Luca (1960), The identification of petroleum products in forensic science by gas chromatography. *Journal of Forensic Sciences*, 5 (2): 236-247.

2. B. B. Coldwell (1957), The examination of exhibits in suspected arson cases. *Royal Canadian Mounted Police Quarterly*, 23(2):103-113.

3. D. L. Adams (1957), The extraction and identification of small amounts of accelerants from arson evidence. *The Journal of Criminal Law, Criminology and Police Science*, 47(5): 593-596.

4. J. W. Brackett (1955), Seperation of flammable material of petroleum origin from evidence submitted in cases involving fires ans suspected arson. *The Journal of Criminal Law, Criminology and Police Science*, 46(4): 554-561.

5. J. M. Macoun (1952), The detection and determination of small amount of inflammable hydrocarbons in combustible materials. *The Analysts*, 77: 381.

6. L. G. Farrell (1947), Reduced pressure distillation apparatus in police science technical notes and abstracts. *The Journal of Criminal Law and Criminology*, 38(4): 438.

7. B. V. Ettling and M. F. Adams (1968), The study of accelerants residues in fire remains. *Journal of Forensic Sciences*, 13(1): 76-89.

8. R. W. Clodfelter and E. E. Heuske (1976), A comparison of decomposition products from selected burned materials with common arson accelerants. *Journal of Forensic Sciences*, 13(1): 116-118.

9. C. L. Thomas (1978), Arson debris control samples. *Fire and Arson Investigator*, 28(3): 23-25.

10. M. R. Smith (1982), Arson analysis by mass chromatography. *Analytical Chemistry*, 54(13): 1399A-1409A.

11. M. R. Smith (1983), Mass chromatographic analysis of arson accelerants. *Journal of Forensic Sciences*, 28(2): 318-329.

12. J. Howard and A. B. McKague (1984), A fire investigationinvolmbustion of carpet material. *Journal of Forensic Sciences*, 29(3): 919-922.

13. I. C. Stone and J. N. Lomonte (1984), False positive in analysis of fire debris. *The Fire and Arson Investigator*, 34(3): 36-40.

14. J. Nowicki and C. Strock (1983), Comparison of fire debris analysis techniques. *Arson Analysis Newsletter*, 7: 98-108.

15. J. D. DeHaan and K. Bonarius (1988), Pyrolysis products of structure fires. *Journal of the Forensic Science Society*, 28(5-6): 299-309.

16. W. Bertsch (1994), Volatiles from carpet: a source of frequent misinterpretation in arson analysis. *Journal of Chromatography*, A

647: 329-333.

17. R. O. Keto (1995), GC/MS data interpretation for petroleum distillate identification in contaminated arson debris. *Journal of Forensic Sciences*, 40(3): 412-423.

18. M. E. Kurtz, S. Schulz, J. Griffin, K. Broadus, J. Sparks, G. Dabdoub, and J. Brock (1996), Effect of background interference on accelerants detection by canine. *Journal of Forensic Sciences*, 41(5): 868-873.

19. D. J. Tranthim-Fryer and J. D. DeHaan (1997), Canine accelerant detectors and problems with carpet pyrolysis products. *Science and Justice*, 37(1): 39-46.

20. J. J. Lentini (1998), Differentiation of asphalt and smoke condensates from liquid petroleum distillates using GC/MS. *Journal of Forensic Sciences*, 43(1): 97-113.

21. J. J. Lentini, J. A. Dolan, and C. Cherry (2000), The petroleum-laced background. *Journal of Forensic Sciences*, 45(5): 968-989.

22. K. Cavanagh, E. Du Pasquirer, and C. Lennard (2000), Background interference from car carpets-the evidential value of petrol residues in cases of suspected vehicle arson. *Forensic Science International*, 125: 22-36.

23. M. Ferandes, C. Lau, and W. Wong (2002), The effect of volatile residues in burnt household items on the detection of fire accelerants. *Science and Justice*, 42(1): 7-15.

24. E. Stauffer (2001), Identification and characterization of interfering products in fire debris analysis, in International Research Institute, Department of Chemistry, Florida International University,

Miami, FL.

25. W. M. Haessler (1974), *The Extinguishment of Fire*. National Fire Protection Association, Quincy, MA.

26. Massachusetts Chapter International Association of Arson Investigators (2002), *A Pocket Guide to Accelerant Evidence Collection*, 2nd edn, Brimfield, MA.

27. B. Chanson, E. Ertan, E. Du Pasguier, O. Delemont, and J. C. Martin (2000), Turpentine identification in fire debris analysis.In Second European Academy of Forensic Science Meeting, Cracow, Poland.

28. M. Higgins (1987), Turpentine, accelerant or natural. *The Fire and Arson Investigator*, 38(2): 10.

29. J. J. Lentini (2001), Persistence of floor coating solvents. *Journal of Forensic Sciences*, 46(6): 1470-1473.

30. E. Locard (1920), L'enquetecriminelleet les methodsscientifiques, Paris.

31. T. Lang and B. M. Dixon (2000), The possible contamination of fire scenes by use of positive pressure ventilation fans. *Canadian Society of Forensic Science Journal*, 33(2): 55-60.

32. M. P. Koussiafes (2002), Evaluation of fire scene contamination by positive-pressure ventilation fans. *Forensic Science Communication*, 4(4).

33. S. L. Madorsky (1964), Thermal degradation of organic polymers, in *Polymer Reviews*, H. F. Mark and E. H. Immergut(ed.), Vol. 7. John Wiley & Sons, New York.

34. T. P. Wampler (1995), Analytical pyrolysis : an overview, in *Applied Pyrolysis Handbook*, T. P. Wampler(ed.) Marcel Dekker, New York, pp.

1-29.

35. CDS Analytical, Inc, Degradation Mechanisms-Random Scission. 2000.

36. CDS Analytical, Inc, Degradation Mechanisms-Side Group Elimination. 2000.

37. CDS Analytical, Inc, Degradation Mechanisms-Depolymerization. 2000.

38. E. Stauffer (2003), Basic concept of pyrolysis for fire debris analysts. *Science and Justice*, 2003.

39. D. Drysdale (1985), *An Introduction to Fire Dynamics*, John Wiley & Sons, Chichester.

40. M. T. Pinorini (1992), La suiecommeindicateurdansl'investigat ion des incendies, in Faculte de Droit, Institut de police scientifiqueet de criminology. Universite de Lausanne, Villard-Chamby.

41. M. T. Pinorini, G. J. Lennard, P. Margot, I. Dustin, and P. Furrer (1994), Soot as an indicator in fire investigation: physical and chemical analysis. *Journal of Forensic Sciences*, 39(4): 933-973.

42. S. C. Moldoveanu (1998), Analytical Pyrolysis of Natural Organic Polymers. *Techniques and Instrumentation in Analytical Chemistry*, Vol. 20. Elsevier, Amsterdam.

43. American Society for Testing and Materials (1997), ASTM E 1618-97 Standard guide for identification of ignitable liquid residues in extracts from fire debris samples by gas chromatography-mass spectrometry, in *Annual Book of ASTM Standards*, United States of America, pp. 654-659.

44. American Society for Testing and Materials (2002), ASTM E

1618-01 Standard test method for ignitable liquid residues in extracts from fire debris samples by gas chromatography-mass spectrometry, in *Annual Book of ASTM Standards*, 2002, United States of America.

45. S. R. Sandler et al. (1998), *Polymer Synthesis and Characterization*, Academic Press, San Diego.

46. University of Southern Mississippi (2002), Themacrogalleria-acyberwonderland of polymer fun. Department of Polymer Sciences.

47. American Society for Testing and Materials (2001), ASTM E 1412-00 Standard practice for separation of ignitable liquid residues from fire debris samples by passive headspace concentration with activated charcoal, in *Annual Book of ASTM Standards*, 2001, United States of America, pp. 431-433.